德 ■ 著

韵三闲

民主与建设出版社

·北京·

© 民主与建设出版社，2020

**图书在版编目（CIP）数据**

墨韵三闲 / 黄寿德著. —北京：民主与建设出版
社，2020. 2
　ISBN 978-7-5139-2873-1

　Ⅰ.①墨… Ⅱ.①黄… Ⅲ.①人生哲学—通俗读物
Ⅳ.①B821-49

　中国版本图书馆CIP数据核字（2019）第300444号

**墨韵三闲**
**MO YUN SAN XIAN**

| | |
|---|---|
| 出 版 人 | 李声笑 |
| 著　　者 | 黄寿德 |
| 责任编辑 | 刘　芳 |
| 封面设计 | 中尚图 |
| 出版发行 | 民主与建设出版社有限责任公司 |
| 电　　话 | （010）59417747　59419778 |
| 社　　址 | 北京市海淀区西三环中路10号望海楼E座7层 |
| 邮　　编 | 100142 |
| 印　　刷 | 河北盛世彩捷印刷有限公司 |
| 版　　次 | 2020年2月第1版 |
| 印　　次 | 2020年2月第1次印刷 |
| 开　　本 | 710mm×1000mm　1/16 |
| 印　　张 | 16 |
| 字　　数 | 252千字 |
| 书　　号 | ISBN 978-7-5139-2873-1 |
| 定　　价 | 58.00元 |

注：如有印、装质量问题，请与出版社联系。

墨韵三阳

## 前　言

　　我于1945年农历11月，生于安化的一户贫困农民家庭。那时家里非常贫穷，经常是缺衣少食，朝不保夕的。但我非常感谢父亲黄又英和母亲陶爱英让我真正生得逢时。是这一年，中国人民在中国共产党的领导下，以大无畏的革命精神，通过不屈不挠、前赴后继的奋斗取得了抗日战争的伟大胜利。把烧杀抢掠无恶不作的日本鬼子赶出了国门，更加可喜的是，我还不满四岁的时候，北京又传来了振奋人心的大好消息。毛主席亲自指挥的中国人民解放军，打败了蒋匪军，建立了新中国。当伟人毛泽东主席在北京天安门城楼庄严地宣告"中华人民共和国、中央人民政府成立了"的洪亮声音传遍我国的大江南北、大河上下，传向全世界时，广大人民群众无不拍手庆贺，无不欢呼雀跃。中国人民洗刷了百年耻辱，从此，真正地站起来，真正能够当家做主了。

　　我就是在五星红旗下，在伟大的毛泽东思想哺育下成长起来的千千万万个农民子弟之一。新中国成立后，教育事业不断发展，为我们穷苦人民的子弟开辟了一条广阔的成长之路，让我从小学一直读完了大学本科，成了我们家祖祖辈辈的第一个大学生，也是我们村里的第一个大学生，还是我们村里第一个走出山乡，工作在省会城市的人。

欣逢盛世，岁月如梭。弹指一挥间，到2019年的农历11月，我就满74岁了。70多年来我是伴随着共和国的日益强大而逐步成长起来的，是在毛主席"好好学习，天天向上"与"向雷锋同志学习"等题词的鼓舞下，由一个不懂事的农村伢子成为一名能够为人民服务的共产党员的。特别要衷心感谢国家为我提供了16年之久的学习机会，提供了37年之久的为人民服务的工作岗位，让我的人生也过得充实而又非常有意义。我虽然不是十分优秀，但每当回首往日时，我也没有因为碌碌无为而羞愧，更没有因饱食终日而惭愧。我一直以朴素的阶级感情，热爱着我们伟大的中国共产党，总是怀着感恩的思想，报答国家的关怀，长期地坚持努力学习，认真工作，总是按照"争取多干事，务求不出事"的理念来严格要求自己。因此，37年的职业生涯也可以说是无怨无悔的。

2006年3月经组织批准，我得以退休安度晚年。退休时，我曾经向组织表示："要坚持退休，不'全休'，争取做一些力所能及的事情；知政，不'扰政'，不干扰在职同志的工作，并且要不断学习，使自己保持思想上的与时俱进；活动，'不乱动'，保持共产党员的先进性。"于是，我把充裕的时间利用起来，按照上述退休生活的基本原则安排学习、实践、思考、写作。

我的一生虽然非常平凡，但受党培养教育几十年，在老师、同学、同志们的帮助下，在为人处世、接人待物中也多少有些思考与收获。退休后，我便一边学习，一边思考，一边写作，现以"闲学""闲思""闲写"的方式总结归纳成册，冠名《墨韵三闲》以奉献给年轻人参考。也算是我在关心下一代工作上做出的一点点贡献吧。

这就是我写作此书的意图与动机。

黄寿德

2018年9月5日

目
录 CONTENTS

墨韵三闲

# 一　生命与使命

我从母亲怀里来到这世上，就得到了一个无价之宝——生命。但在青少年时期，我只知道生命的可贵，对于如何让这生命更加具有意义，却是朦朦胧胧的。直到后来学校组织我们学习毛泽东思想，开展向雷锋同志学习的活动，大学毕业后又到中国人民解放军的军营里进行了艰苦的劳动锤炼，我才逐步懂得了：一个人除了要珍惜宝贵的生命外，还有更重要的东西，那就是要承担使命。如果只有生命，不去承担使命，这生命就与动物的生存丝毫没有差别了。

记得我上中学时，曾经读过宋代文天祥写的《过零丁洋》："人生自古谁无死，留取丹心照汗青。"才知道这使命价值的崇高。后来又读了我国左联作家殷夫翻译，鲁迅先生广为传布，被广大中国读者熟知的，匈牙利爱国诗人裴多菲·山陀尔，于1847年创作的《自由与爱情》："生命诚可贵，爱情价更高。若为自由故，二者皆可抛。"和我国革命烈士夏明翰的《就义诗》："砍头不要紧，只要主义真。杀了夏明翰，还有后来人。"才使我对使命的认识豁然开朗。这些古今中外的先烈们无不是自觉地承担起历史使命，不怕艰难险阻，不怕牺牲，为了民族的解放而前赴后继的。因此，他们这些表达其坚定心志的诗句才如此脍炙人口，经久不衰。他们也才能"永远活在人民心里"，他们的一生也才真正体现了"生的伟大，死的光荣"。他们也才能成为我们永远学习的光辉榜样！

处在和平时期的今天，我们所要承担的历史使命，又体现在哪里呢？我的认识就是珍惜生命，艰苦奋斗。能够自觉地以先烈们为榜样，正确处理好以下几个方面的关系：

一是必须坚持以事业为重，能够把发展事业放在第一位，把建设小家庭放在第二位。特别是作为共产党员必须坚持时刻听从党的召唤，能够舍小家为大家。我自己这一辈子就是以坚持服从党和国家利益为前提的，从来没有向组织讨价还价过。所以，我的生命也才真正有价值：没有辜负党的培养教育，没有辜负同志们的帮助，没有辜负父母家人的期望。

二是必须坚持集体为重。把"大家"（国家、集体）放在第一位。自觉地为国家、为民族、为人民事业的兴旺发达而奋斗，要有乐于奉献、能于奉献的担当意识。把"小家"的事放在第二位。要有这样的自觉意识："家里的事再大也是小事，大家的事，再小也是大事"。坚持全身心地服务人民群众。

三是必须坚持以他人为重，自己为轻。平时要注意关心他人，比关心自己为重。要坚持吃苦在前，享受在后。不自私，不追名逐利。与人为善地对待他人，团结友爱同志。我曾担任湖南省人事厅的办公室主任，那时每逢过年过节放假或工会开展户外活动时，工作需要留人值班，我就坚持让其他同事去参加活动或休息，我都留在办公室值班。记得有一年大年三十的那天下午，同事们都回家了，我还在办公室工作。时任中共湖南省委常委、省委宣传部部长的夏赞忠同志见到我的第一句话就是"你这老黄牛还在这里工作啊"。我说："部长，这是应该的。"我这样做，并不感到吃亏，还觉得非常值得。现在即使是我们老了，我觉得也应该发挥我们的一点点余热。要以"春蚕到死丝方尽，蜡炬成灰泪始干"的精神奉献国家，奉献社会，奉献他人。哪怕是看见地上的垃圾，我们能够及时地把它捡起来扔进垃圾桶，也是一种善举，又何乐而不为呢？

我的切身体会是，一个人只要具有自觉自愿的使命感，那么，即使年纪再大，地位再低，平台再小，也一定能够有所作为的，也一定能让生命之火燃烧得更加旺盛的。至于人生能不能出彩也就无所谓了。

莫道桑榆晚，红霞尚满天。同志们，同学们，朋友们，我们一起加油吧，为了中华民族的伟大复兴继续努力。

# 二  学习与人生

我国的传统国学之一《三字经》一开头就说："人之初，性本善。性相近，习相远。"这就是说，人出生之初，禀性本来都是善良的，天性也都是相差不多的。只是后天所处的环境不同和所受教育不同，彼此的习性才形成了巨大的差别。这就告诉人们，环境与接受的教育对人生是否成功关系极大。

限于文章篇幅，环境暂且不论，本文专就教育对人的影响谈谈我的认识。

伟人毛泽东同志曾经教导过我们："没有文化的军队是愚蠢的军队。"那么，对于一个人来说，没有文化的人，充其量只能是一个用体力来从事简单劳动的体力劳动者而已，弄不好还会变为社会上的害群之马。所以，接受教育、终身学习就成为不可或缺的人生头等大事。

我的认识是，选择了学习，就选择了进步；放弃了学习，我们就要被时代潮流所淘汰。现代社会新的知识与技术层出不穷，倘若我们停止了学习，就意味着，我们的人生就只剩下年龄的增加了。那一定是一事无成的。

原美国总统尼克松在20世纪70年代受到毛泽东主席接见后，对他人说，"一个伟大的领导者，必然是一个伟大的读书者"。我们敬爱的周总理曾经要求我们"要活到老，学到老"，并且他老人家还身体力行地带头学习。由此可见，学习对于我们人生来说是非常重要的。

那怎么办？才能搞好我们的终身学习呢？这也是个仁者见仁，智者见智的问题。我的见解就是，我们必须在以下六个方面去努力：

一是坚持一个"敬"字。我们要搞好学习，必须敬重知识，敬畏"不学无术"的帽子戴在我们头上。要像虔诚的佛教徒一样虔诚地对待学习。能够坚持自觉学习，自主学习。

二是抓住一个"静"字。在人生的学习中，要耐得住寂寞，守得住清贫。要有一股"昨夜西风凋碧树，独上高楼，望尽天涯路"的顽强学习精神。

三是把握一个"净"字。无论年龄大小，我们都是要通过学习来改造主观世界和客观世界的。这就要求我们必须坚持理论联系实际的良好学风，坚持经世致用的学习原则。在学习中一方面要在改造主观世界上下功夫；另一方面要在改造客观世界上下功夫。而改造主观世界的任务就是要净化我们的心灵，陶冶我们的情操。坚持做一个禀性良好的人，做一个脱离了低级趣味的人，这样才可能具有改造客观世界的能力与水平。

四是抓住一个"劲"字。学习是要全身心投入，才能搞好的体力与脑力并用的复杂劳动。我们必须花大力气，下苦功夫，才能有所收获。所以，学习中必须用劲学，发狠学。决不可马马虎虎，懒懒散散的。正如一副对联所言："书山有路勤为径，学海无边苦作舟。"一个是勤，一个是苦，都是要用劲的。必须要有"衣带渐宽终无悔，为伊消得人憔悴"的劲头。

五是解决一个"进"字。学习的目的，一方面就是要求我们不断进步。通过学习，在思想上有收获，能够不断提高思想品德的纯洁性，以及为人民服务的自觉性。另外一方面，通过学习，我们要在专业技术或艺术水平上求得不断的进步。这样学习的效果就明显提高了，我们人生的路径也就一定能够越来越宽广，越来越远大。

六是注重一个"新"字。我们要求得与时俱进的进步，就必须注意不断创新。要在掌握新思想、新理论、新技术、新信息的基础上，不断创新我们的工作与技术（或艺术）。要坚持读好书，坚持把书读活。必须反对"读死书，死读书"的现象发生。要有"众里寻他千百度"的韧劲，还要有"蓦然回首，那人却在灯火阑珊处"的创新精神、创新意识。唯有这样的学习，才会不断提高我们知识的生成化水平，我们也就会越来越聪明，越来越能干。

最后，赠送诸君一句话，以资共勉：学习无止境，攀登靠努力！

# 三　养心与养身

诸葛亮在其《诫子书》中写道："夫君子之行，静以修身，俭以养德。非宁静无以致远；非淡泊无以明志……"这就启示我们：养身贵在养心。没有一颗宁静的心怎么能够行稳至远呢？不淡泊名利，我们怎么能够有颗平常心去对待世态炎凉呢？1992年，世界卫生组织在《维多利亚（健康）宣言》中提出健康的四大基石为：合理膳食、适量运动、戒烟限酒、心理平衡。我认为，这"心理平衡"则是前三者的前提和关键之所在。没有心理健康其他都将是无从谈起的。

一些医学名家曾经指出：养身重在心，养身必须养心，这是非常有道理的。所以，凡大医治病，必当安神定志。因为心理健康，才能有正确对待疾病，正确对待死亡的平常之心。一个人心态好，养身就有了根基。心理健康，就能正确对待疾病和死亡了。我是刚满50岁时就患有冠心病、胆结石的人。对此，我心理上能够坦然处之。按照毛主席的教导，在战略上藐视疾病，在战术上重视疾病。该吃药的就按照医生的指导吃药，按照病从口入的教诲，应该控制饮食时（包括忌口），就严格要求，管住自己的嘴。现在20多年过去，也没有发生什么问题。到2008年我又被诊断为糖尿病患者，我仍然是泰然处之。坚持在医生指导下对症下药，积极控制血糖；继续坚持控制饮食，有时还吃一些能够降糖的食品，每餐控制在七分饱左右，并且适当加强体育锻炼。除了散步外，从2015年开始天天晚上坚持做回春医疗保健操，风雨无阻，寒暑不停。一晃又过去十年了，目前糖尿病还没有出现并发症，长期失眠的问题也解决了，人的精神状态也比较好。从2006年以来冠心病没有发作过一次。我觉得把心养好，有一个好心情，比吃补药还要强。有人说，癌症病人有好多是吓死的，虽然有些夸张，但说明情绪对于健康有很大的影响。

只是养心比养身更加困难和艰巨一些，也比较容易为人们所疏忽。因为养身呢，可以是食补，以促进营养平衡；可以加强体育锻炼（散步、用器械健身、打太极拳、保健操、广场舞等），以强壮筋骨，提高免疫力，增加抵抗力。

而养心则没有现成的模式可以参考。因为人的心理容易受情绪的影响，情绪又是受外因与内因两方面因素制约的。情绪不好，对治疗疾病是非常有害的，这也是养心的难点。

根据我的实践，在养心方面有这样几点是值得我们去尝试的：

一、坚持见贤思齐，注意陶冶情操。要牢固树立正确的人生观、世界观、价值观。一个人生命的价值，不在于长短，贵在活得有质量和有意义。这样我们就可以做到"任凭风吹浪打，胜似闲庭信步"了。平时要坚持以人为本、与人为善的精神，好善乐施。要学习雷锋同志多做好事，坚决不能做坏事，哪怕随地吐痰也不为。防人之心可以有，害人之心决不可存。我平时，为什么总是经常要把老同志们打牌的室外那些凳椅拿去修理呢？我觉得这样做，可以给他人提供方便，自己也才心安理得。每当我在修理凳子或做有利于他人的事时，有同志就赞美地说"你可以活一百岁"。我说，"只要走时既不磨自己又不害家人，我就心满意足了，长不长寿无所谓啊"。

我认为，一个人能成为不被他人厌弃的人，能受社会欢迎的人就足矣。生命长短不是重要的。唯有这样我们的心理也就会更健康，也才有利于延年益寿。

二、加强学习，坚定意志。关于学习的问题，我在《学习与人生》一文中已经说过了，这里就不重复了。但学习时，必须用优秀的榜样和先进事迹扩大视野，开阔胸襟，坚定意志。心是思之官。正如林则徐先生所言："海纳百川，有容乃大；壁立千仞，无欲则刚。"一个人胸怀宽广，在待人接物中就可以得心应手，在复杂的人际关系中才能游刃有余。这样我们的朋友就越来越多，帮助我们的人也就越多，事业就越来越顺，内心也会更加愉悦，情绪就越稳定。也就决不会为一些鸡毛蒜皮的事情去枉生烦恼了。同时，意志坚定就不怕挫折。否则身体也会时不时地出毛病的，如有个老板在亚洲金融风暴中损失巨大，他经不起这样的打击，不久就得了糖尿病，一病不起。倘若意志坚定的人，遇到这突然的变故，就会自动调整心态，把坏事变为好事，也不至于把身体压垮的。如云南红塔集团有限公司和玉溪红塔烟草（集团）有限责任公司原董事长褚时健71岁时因经济问题被判刑惩处，保外就医后，已经身患糖尿病、年届75岁的他又开始了再次创业，通过十年的打拼，其种植的褚橙在2017年已经达到2亿元的年产值。褚时健是中国最具有争议性的财经人物之一，但他不愧为在逆境中取得巨大成功的楷模。

三、坚持"阳光思维"，辩证思考。这人世间的人和事是错综复杂和千变万化的。而我们每个人的聪明才智都是非常有限的。因此，遇到不顺眼、不顺心的事一定要想得开。如突然疾病来了，也要泰然处之。"困难不怕多，只要思想不滑坡。"有这样的"阳光思维"我们就能做到处变不惊，遇变不慌了。我的一位同学刘迪荣同志，其丈夫中风以后，饮食起居都不能自理，可以说是已经失去一半的体能和智能了。她却能保持良好的心态，以强烈的爱心与责任心护理他。一年365天，天天如此，从无二心，真正难能可贵。她的精神状态非常好，身体也没有被困难压倒。她是值得我好好学习的又一榜样。

四、坚持文化自信，以文化人，以文养心。中华民族五千多年来创造的优秀文化传统（如"己所不欲，勿施于人""天下兴亡，匹夫有责"等），中国共产党领导的新民主主义革命时期与新中国成立后的建设时期创造的革命文化（舍生忘死的大无畏的牺牲精神，雷锋精神，"两弹一星"精神等），改革开放以来创造的与时俱进的先进文化（开拓创新精神，航天精神，抗洪抢险精神，社会主义核心价值观等）都是我们养心健体，为人处世的好营养。在其滋养下，我们就一定能够身心健康，快乐每一天。

# 四　生活与生存

我记得在上初中时，生物老师就曾经对我们讲解过人与动物的区别。老师说，人是已经进化了的高级动物，能够进行复杂的思考，并且能够制造工具和使用工具，而动物则不能。这也是我第一次得到了"人与动物的区别"这个问题的解答。

如果我们用马克思的辩证唯物主义思想来认识这个问题呢，那就更加深刻了。如巴尔扎克曾经说过："你要了解人与动物的区别吧，人是生活，而动物是生存。"多么深刻而精辟的论述啊。动物的生存仅仅是吃、喝、拉、撒、睡。而人的生活则是各种各样、多姿多彩的。

一般而言，人们的生活包括物质生活与精神生活；政治生活与社会生活；集体生活与个人生活；文化生活与经济生活；文艺生活与体育生活；私人生活与社交生活；白天生活与夜生活……凡此种种不胜枚举。

因此，我们欲想不至于沦为行尸走肉，过有尊严而体面的生活，不仅仅是生存，就应该见贤思齐，修身养性，使自己成为一个脱离了低级趣味的人，一个对社会有贡献的人，一个能够受人尊重的人，一个生活品位比较高的人。也才能自觉地坚持：

政治生活讲归宿。我们要做国家的主人，成为遵纪守法的公民，职业道德良好的工作者。坚持干一行爱一行，干好一行。有股不为良相（治国安邦）就为良医（救死扶伤）的韧劲。忠于职守，忠于人民，忠于国家。

社会生活讲奉献。要有天下兴亡匹夫有责的担当精神，自觉自愿的奉献精神。能够坚持吃苦在前，享受在后。不追名逐利，绝对不贪赃枉法。能够成为社会所欢迎、所需要的人。

文化生活讲高雅。要坚持文化自信。即使不能成为先进文化的创造者，也要成为先进文化的积极传播者，成为传播精神文明的身体力行者。要坚持社会主义的核心价值观，坚持用先进文化抵制各种各样的歪风邪气，坚定地反对娱乐至死的种种丑恶现象。一定要让中华民族五千年来创造的优秀传统文化，红色革命文化，与时俱进的先进文化永远发扬光大。

富裕生活讲正道。追求富裕的生活是人的正常愿望。但俗话说得好："君子爱财，取之有道。"我们所追求的富裕是通过勤劳朴实的劳动所得，是我们通过合法经营的辛苦所获。不是巧立名目的巧取豪夺，不是滥用职权贪赃枉法所得。同时对钱，还要用之有道。做到有了钱，不炫富，不铺张浪费，不酗酒闹事，不吸毒嫖娼，不行贿犯罪。这样的富裕我们就能放心与省心。

家庭生活讲美德。作为一个家庭成员一定要坚持勤俭持家，厚德载物；和睦相处，和谐立家。在家庭里要坚持多讲奉献，少索取；多自责，少指责；多陪伴，少孤独。家庭成员中有人病了，穷了，甚至犯错误或犯罪了，我们都要用爱心、热心、细心去关怀、爱护、帮助他们。

总而言之，我们一定要有一种家国情怀。唯有这样，我们的生活质量就一定是顶呱呱的。也就一定能够实现政治上的归属感，事业上的成就感，社会上的荣誉感，生活上的幸福感。这样的人生也才真正有意义。行尸走肉的"帽子"也就永远不会戴在我们头上了。我们又有什么理由而不为呢？

# 五 律己与宽人

笔者曾经在媒体看到过这样一个故事。一天某地级市市委书记到基层开展调查研究，当他走访一位体弱多病，独居一地的老红军时，问其有什么要求。老红军只说："要能够吃上半碗半肥半精的猪肉就好了。"这位书记听后，连忙安排工作人员去饭馆采购。

这故事到这儿还没有结束。因为老红军连吃点肉的要求也不能帮助解决，书记对此非常不满意。没有过多久，在一次由这位书记主持的该市属县（市）书记会议上，他又重提这件事，并且说完之后，接着就抽了自己一记重重的耳光，边打自己，边检讨说："一个生活困难的老红军这样一点点要求，我们都没有及时帮助解决，我们的工作对得起老红军吗？对得起我们的老百姓吗？"在台下的那个老红军所在县的县委书记不由得自责地哭了，认为自己工作确实没有做好。其他与会同志也受到深刻的教育。

这故事，告诉我们这样一个道理，我们无论是从事政府部门工作，或是作为企业经营者，或是在待人接物中，都要有这样一个基本的理念，即严于律己，宽于责人。

尤其是作为领导，应该是以身作则。要求他人做的事必须自己带头做好；纪律或政策规定不能做的，则自己带头不做。平时在工作与生活中，还必须坚持吃苦在前，享受在后；重担主动挑，困难带头扛。倘若工作发生了一定失误，就应该多问问自己几个为什么，再与同事们一起找原因。决不能有了成绩就是自己的功劳；出了差错就是别人的责任。如果这样思考和行动，我们一定就会丧失凝聚力，丧失战斗力，失去号召力的。

俗话说得好："人为事之本，事在人作为。"因此，我们的一切工作都要坚持以人为本，把生产力诸要素中最活跃的因素——人的积极性、创造性充分地调动和发挥出来，我们的工作就有了可靠的人才智力保证。既然是这样，一个领导者就必须能够用严于律己，宽于责人的修养与胸怀去对待工作，对待他人。唯有这样，才有团结和谐的好局面出现，我们的人际关系才会是众星捧月似的兴旺；事业也一定会越来越好的。

作为我们普通老百姓呢？能够坚持严于律己，宽于责人的基本做人原则，我们的朋友就会越来越多，我们在他人面前的威信也就会越来越高。因为严于律己，宽于责人是人们都非常欣赏的品格，也是化解我们人际关系中的矛盾的良策。因为，只要我们和别人打交道，就难免不发生这样或那样的矛盾。而彼此之间发生了矛盾，我们能够做到首先检查自己的问题，少说别人的不是，我们就能够赢得同事们的信赖。相反，倘若什么事情发生后，不管三七二十一，都是别人的错，那久而久之就会成为孤家寡人一个。即使家庭成员之间发生矛盾，用严于律己宽于责人这个原则要求自己，对于增强家庭和睦也是不可或缺的。特别是夫妻之间更要坚持这样做。在家里是讲情的地方，不是讲理的场所。作为夫妻的任何一方，都要注意严格要求自己，诚心诚意地去对待另一半。这样的"老伴"，也才能伴得长久，伴得温馨，伴得幸福。

# 六　交友与交心

夫子曰："有朋自远方来，不亦乐乎。"我们从这句话中完全可以想象到孔夫子见远方来了朋友是多么的喜悦啊。

是的，朋友来了不论远近，我们都要欢迎他们的到来。因为人是社会关系的总和，是属于社会的人，并不是孤独终老的个体。在人的一生中我们不知道要和多少人成为同学、同事或成为好友。

我记得小时候我大哥经常告诉我的一句话："朋友不怕多，冤家不怕少。"他说一个人没有几个朋友，或不会交朋友，只是孤家寡人一个，是什么事情都做不来的。而中国工程院院士、原中南大学校长黄伯云同志更是高屋建瓴地一再强调，现代社会"一家班"是成不了大气候的，他非常注意发挥团队的作用。所以他带领的团队，同事们都能够互相支持，互相配合，才在研究新材料领域创造了举世瞩目的成就。

我们知道交朋友的重要性还不行，还必须会交朋友，会交好朋友。

通常来说，所谓朋友有这样几类：良师益友、酒肉朋友、狐朋狗友。

良师益友者，他们一定是心心相印，互相帮助，互相爱护，互相支持的好朋友；他们一定是诚实守信的可以信赖的好朋友。有好处时，他们不会先下手；有困难时，他们一定会先到来。他们是彼此互相关照、爱护之友；他们不是见风使舵的变色龙；他们更不是当我们蒙冤受屈或遇到困难时再投石落井的小人。

酒肉朋友，顾名思义，他们是当我们给予酒肉大饱口福时，就可以卑躬屈膝地叫我们作"爷爷奶奶"的。可一旦离开了酒肉二字，他们可以立马就翻脸不认人。吃喝玩乐他们最起劲，互相帮助就懒洋洋。最靠不住的就是这类酒肉朋友。

而更加可怕的呢，就是狐朋狗友。他们是追名逐利的那一族。没有好处，八竿子也打不到他们的；有了好处时，他们却趋之若鹜。他们甚至还时不时地专门找朋友的痛处下手。或在朋友毫无防备的情况下，可以为了一己之利而兴风作浪。所以，这类朋友是最有害的，也是绝对不可以交的朋友。

那么，我们怎么样才能交上良师益友呢？我认为最好的对策就是，交友必须交心。只有彼此知心的朋友才是最靠得住的朋友。他们在你有困难时，能够及时又主动地伸出援手，而且不图回报，也不会讨价还价。当我们取得好成绩时，他们表示衷心祝福，没有丝毫的嫉妒心；当我们生活中遇到不愉快的事情时，他们会立马帮助排忧解难。也不论次数，不论时间，不论地点。有义无反顾，在所不辞的义气。真正是有福同享，有难同当的挚友。我们若能交上这样的朋友，这既是缘分，也是我们的福分，更是我们的本事。因此，这样的朋友来之不易，我们必须特别珍惜。

而我们要想交上这样的良师益友和挚友，就必须掌握交朋友的基本诀窍，坚持以真心换诚心，我们的朋友就会越来越多。要真正地交心，其诀窍无非是：

一是坚持"将心比心"的原则。俗话说"人心都是肉长的"，我们有真心对待朋友之心，朋友也就会真心真意对待我们。

二是坚持讲诚信。答应了朋友的事，无论大小一定要履行诺言。尽全力也要帮助朋友办好。如果我们遇到了意外情况也要向朋友解释清楚。需要和能够补办的，事后一定如诺补办。

三是要舍得。交朋友是需要付出的。我们要交得舒服，就必须舍得。"舒"的本意就是"舍"和"予"。如果在朋友正当需求需要帮助时，我们能够大方地舍得和给予，我们就可以赢得朋友的信赖。如果仅是吝啬鬼一个，是交不上好朋友的。

四是必须坚持原则。狐朋狗友是不讲原则的。真正的朋友能为朋友"两肋插刀"，但这是有前提条件的。一是当我们的朋友犯错误时，我们必须毫不留情地给予批评指正；二是当我们的朋友违法犯罪时，我们必须划清界限。并且在了解情况后，积极主动检举他们的犯罪事实，帮助他们迷途知返。如果在真正知道，朋友确实没有犯罪行为时，我们还应该主动为他们伸张正义，在不轻易放走一个犯人的同时，也要帮助司法部门不冤枉一个好人。这样，朋友之间就更加有凝聚力了。

# 七　成人与成事

大凡受过良好家庭教育与良好学校教育的人们，都有这样一个基本愿望，他们认为一个人来到世上就要干出一番事业来，以实现自己的人生价值。

但怎么样做，才能干出一番事业来呢？成功人士的实践经验无不证明，最要紧的就是要正确处理好"成人"与"成事"的关系，坚持成人重于成事。我们不是经常可以听到别人批评那些做事不靠谱的人，说的一句话："这是人做的事吗？"也就是说，人都做不像人，做事就更加不靠谱了。

因为人品决定作为。我们干事业，必须要人（生产力中最活跃的因素）发挥出决定性作用。正如伟人毛泽东主席曾经告诫过我们的："正确路线确定之后，干部就是决定因素。"这是我们必须明白的道理。也正如湖南的"三一重工"这个大型民营企业所倡导的那样，"做事先做人"。因为，这些企业家非常清楚，只有优秀的员工才能创造出优秀的产品设计；只有优秀的员工通过精益求精的生产加工，才能将设计图纸化为消费者青睐的优秀产品和良好服务。所以"三一重工"一直坚持"一流人才，办一流企业，生产一流产品"的兴业理念。他们的企业也才得以红红火火的。

再纵观我国成功人士们的成功经验，他们没有一个是离开"成人、成才、成功"这个基本路径的。而其中"成人"则是第一位的。

"成人"这样要紧，那我们怎么样做才能成为一个成功的人，一个有益于社会的人呢？

首先，要"成人"，必须有坚定的信念。这样就不会偏离做人的方向，就有了成人的定力，也就才能拥有高尚的品行。

其次呢，要"成人"，还必须坚持见贤思齐，修身养性。要不断学习科学理论，提高认识真理，改造社会的能力与水平。把改造主观世界放在第一位，以不断提升做个好人的自觉性。

再就是，"成人"必须能够成为称得上"人才"的人，也就是能够锤炼成才，真正成为社会上最需要的优秀人才。

所谓人才，就是具有一定的基础知识和专业知识，能够进行创造性劳动，在中国特色社会主义建设中做出贡献的，就是党和国家急需的人。因此，我们为人就要朝着成为一个德才兼备的优秀人才去努力。这样我们成功的概率就大一些，干一番事业的愿望也才能得以真正实现。因此，"成人"是做好事业的前提；事业有成就是"成人"的结果。

"成事"呢，优秀人才的成功经验告诉我们：

一是必须扎扎实实，必须精益求精，必须勇于创新。这也是优秀人才的基本素质，也是我们成功的先决条件。这世界上没有因为懒惰而出成就的，也没有玩耍得到胜利的光环的。世界上只有轰轰烈烈，老老实实，脚踏实地干出来的业绩。

二是做事还要从大处着眼，小处着手，脚踏实地地去做。有了这样的精神状态，我们就可以充满信心地去克服工作（生产）中的一个个难题，我们才可创造出一个又一个人间奇迹。

三是我们所做的一切必须经得起时间与实践的考验。

总之，这"成人"与"成事"是辩证统一的，同时，都是很不容易的功夫；也不是轻而易举地能够做好的功夫。需要我们与时俱进地去不断探索，以达到我们人生的最高境界。

以上浅见，只能作为砖头抛将出来，意在引玉而已。

# 八　长处与短处

在管理学上，有个木桶效应。一只木桶能盛多少水，并不取决于最长的那块木板，而是取决于最短的那块木板。也可以称为短板效应。任何一个组织，可能面临一个共同问题，即构成组织的各个部分或个人往往是优劣不齐的，而劣势部分或个人往往决定整个组织的水平。因此，整个社会与我们每个人都应该思考一下自己的"短板"，并尽早补足它。

"金无足赤，人无完人。"这是毛泽东主席曾经告诫我们的真理。也就是说，一个人既有他（她）的长处，也总有他（她）的短处。所以，在知人善任中就包含着用人之长，避人之短的学问。

在人世间，有各种各样缺点或因某些缘故而存在种种短处的人也不是少数。没有一点缺点或没有一点短处的人，无论男女，也无论老少，我们都是找不到的。

因此，取人之长，或用人之长就成为我们人尽其才，才尽其用的题中应有之义。这也是我们待人接物中的又一不可或缺的人生艺术。

特别是，在一个员工人数众多的团队里，作为领导层，在人力资源开发中应该坚持扬他人之所长，避他人之所短的原则。要让员工的长处发挥得淋漓尽致，要创造良好的人才生态环境，使有某些缺点或短处的员工能够将短处转化为长处，这样"企业即人"的文章我们就能越写越好，我们的生产效率也就会越来越高。

既然这人世间找不到没有短处的人，那我们为什么要苛刻地去要求别人必须是完人呢？因此，作为一个胸怀宽广的而又懂得人才学的人，他们是不会这样做的，所以他们的凝聚力也就由此而生，由此而增。

平时，我们与同事们共事，也应该了解彼此的长短之处。不仅要注意欣赏他人的长处，还要用放大镜与显微镜并用的方法去放大或找到他人的长处。同时，还要以马克思主义辩证唯物主义思想为指导，帮助他人加长"短板"，不断进取。对有缺点的同事我们一定要用热心、爱心、诚心、耐心去感化他们，帮助他们朝着扬长避短的方向去努力奋斗。

与此同时，对于我们本身来说，也要辩证地去认识和评价自己。人贵有自知之明。可是我们往往缺乏的就是这可贵的自知之明。也正是这样，往往影响到我们和同事的和谐关系。当我们看不到自己的短处或缺点时，我们就可能滋生出骄傲自满的种种不应有的情绪来，从而导致人际关系中不良现象的发生。我认为，有良好修为的人，一定是能够正确对待自己长处，时刻注意克服自己短处的人。这样的同志，平时他们的人际关系一定是被点赞的。

因此，一个人有了某些长处，应该充分发挥其作用，决不可骄傲自满。对于自己的短处呢，贵有自知之明，要早认识，早防备，早克服。虽然我们不可能成为完人，但起码也要成为团队里人们喜欢的一员，成为经常能够提供正能量的一员。

我们怎样做才可以扬长避短呢？笔者的看法，至少有三：

一、虚心学习。要把他人的长处，作为宝贵财富看待，认真学习，从中吸取营养，努力进取，用他人之长，补己之短。我们就不断地进步了。

二、高度重视自己的短处。要多和同事比自己的不足，发现自己的不足。要拿"马列主义的手电"多照照自己的缺点，从而下决心去克服它，要按照优秀传统文化"吾日三省吾身"的要求，经常自觉地去检查自己的言谈举止。当缺点或短处在我们身上一露面，就把它消灭在萌芽状态。

三、坚持辩证法，不断提升我们修身养性的自觉性。能够扬长避短地对待自己和他人，也是体现我们的修身养性水平的高低之处。因此，我们必须注意谦虚谨慎，注意戒骄戒躁，注意实事求是。使我们真正能够与时俱进地、自觉自愿地坚持扬长避短。同时，在这方面还必须有股韧劲。往往一个毛病的克服是要下功夫的。就如戒烟，抽烟有害健康，大家都知道。并且有的人抽烟已经影响到身体健康。可是戒烟却不是那么容易。据史载，曾国藩在戒烟时也曾经反反复复过。后来他自问，大丈夫连戒烟的毅力都没有还算什么大丈夫呢？决心一下，戒烟才得以成功。因此我们对待自己的短处或缺点也要有这样的毅力和决心。

# 九　苦与乐

我平时练习书法时，最喜欢写的一副对联就是："宝剑锋从磨砺出，梅花香自苦寒来。"

因为，这副对联告诉了我们这样一个道理，就是要牢固树立正确的苦乐观。大凡玩物丧志者都是不可效法的。

不是吗？宝剑倘若不先行磨砺或不去经常磨砺哪有剑的锋芒毕露呢？即使能够"毕露"一时，也是难以持久地"毕露"的。梅花不经过风吹雨打和风霜雪染的洗礼，哪得"临寒独自开……唯有暗香来"的绝唱啊！

物犹如此，人何以堪？我们必须牢固树立正确的苦乐观。

而我们时常听到一句话就是"人生苦短"。这话虽然讲出了人生有"苦"的一面，但却没有深刻地去体会，人生倘若没有"吃得苦中苦"的精神，我们就很难有对社会的最大值的奉献，我们也就很难有精彩人生的演绎，那心头之乐又从何来？

我记得年少时，我们在老师指导下，阅读苏联作家奥斯特洛夫斯基的著作，《钢铁是怎样炼成的》一书，了解了书中的主人公保尔·柯察金顽强战胜病魔、永不掉队的英勇气概，体现了苏联第一代共青团员如何克服人生道路中千难万险，为实现社会主义理想而进行艰苦卓绝的斗争的真实情景。这对我后来的人生影响非常深远。也正是保尔·柯察金吃苦耐劳的精神感染了我们那时的一代年轻人！

我们曾经生活在短缺经济时代，在学习、工作、生活上遇到困难时，我们总是以"苦不苦，想想长征二万五"的精神来勉励自己。是的，中国工农红军两万五千里的长征精神永远是我们吃苦耐劳、艰苦奋斗、不怕牺牲的一面永不生锈的宝镜。红军将士们，吃的方面是，食不果腹，朝不保夕，草皮树根成为家常便饭；穿的方面呢，冬夏几乎一个样，衣衫褴褛……并且前有敌军堵截，后有敌人追赶。一边赶路，一边打仗，就成为红军将士们艰苦的日常。也正是这种长征精神为中国人民解放军的缔造，为中华人民共和国的缔造打下了坚实的基础。没有红军将士们的苦，就没有我们今天的甜。所以，每当我想起上述先辈们的优秀事迹，我就为之振奋，无论开展勤工俭学还是参加工作，我都有一股不怕吃苦的精神。

众所周知，对于历史长河来说，人的生命是非常短暂的。正是这样，我们就要抓住这短暂的岁月奋斗不止，务求有所作为。而舍不得吃苦，是绝对不行的。因此，上学时，必须刻苦学习才有优秀的学习成绩和好的品行修养；参加工作后必须持久地刻苦干事业，才有好的业绩，回报社会；就是退休了，虽然没有工作责任了，但国家同样需要我们这些老同志继续学习和身体力行去发挥余热，才不会只是在白白地消耗生命。否则，那"老干部"也要改为"等死的群体"啦！又何乐之有呢？

总之，我们每个人只有像先哲范仲淹先生那样坚持"先天下之忧而忧，后天下之乐而乐"的精神，我们的人生才能永远是"风景这边独好"的！

笔者接受过优秀传统文化，革命文化与先进文化的洗礼，一直主张先苦后甜，先忧后乐。人生欲出彩，就必须牢固树立正确的苦乐观。

一是必须永远坚持发扬好长征精神，永远不要害怕吃苦。要懂得：苦，是甜的前提；甜，由苦中得来。要始终坚持先苦后甜，先忧后乐的精神。

二要加强吃苦精神持续性的认识和宣传。人类就是一代又一代的先辈们吃苦耐劳后发展起来的，国家也是如此。前人栽树后人乘凉就是这个道理。我们这代人不吃苦栽树，后人就没有乘凉之处。今天我们国家虽然已经基本进入小康生活了，但要使我们后人能够过上更加全面小康，更加美好的生活，还迫切需要我们继续吃苦，继续去苦中找乐。

三是一定要向革命烈士们学习，发扬他们前赴后继、不怕牺牲的奋斗精神，以实际行动将他们交给我们的复兴中华民族的接力棒好好地传递下去，这才是有良知的正确选择。

# 十 小事与大事

我平时遇到机关的同事或是企业的朋友，都会听到同样一个反映："现在一些刚参加工作的大学生总是大事做不好，小事又不屑做。虽然他们文化水平都不低，可是同事们都不怎么看好。"

我认为，这个问题有一定的普遍性。在物欲横流的当今时代，我们一些年轻人，耐不住清贫，守不住寂寞，总想一口吃成一个胖子。殊不知，天下之事都是从小事做起，久久为功才能成就大事，干出大业来的。

比如，我国著名的海尔公司总裁张瑞敏先生成功的诀窍有多个方面，但其中一条，是很值得我们年轻人去体会的。在他的公司里，倡导"把简单的事做好了，就不简单；把平凡的事做好了，就不平凡"的执着精神。因此，员工们做事都是认认真真，精益求精的，在这个公司里是容不得半点马虎的。因此随随便便，懒懒散散地做事的现象，在这个公司是渺无踪迹的。就是这样的精神起作用，才创造出了世界瞩目的业绩。

常言道："不积跬步，无以至千里；不纳小流，难以成大江"。犹如我们要行远，若步行，要一脚一脚地走；即使是坐车也必须依靠车轮一滚、一滚地向前进。同理，小流不断，才有源源江水长流。因为大事是由小事组成的；大业呢，则由各方面的小事成为一个系统后而创立的。没有小事，一切都无从谈起。我们看过电影《建国大业》的都明了，中国共产党从1921年7月1日成立后，中国共产党人，中华各方民族儿女在毛泽东同志率领下，经过28年的艰苦卓绝，前赴后继，不怕牺牲，顽强拼搏，走过万水千山，战胜千难万险，抛头颅洒热血才缔造了中国人民解放军，缔造了中华人民共和国。因此，可以说没有小事，就没有大事，也就成不了大业。

再看我国的杂交水稻之父——袁隆平先生的优秀事迹吧！袁先生从20世纪的60年代，在安江农校开始研究杂交水稻，直到21世纪以后的今天，从一个年轻教师到一个享誉世界的已是耄耋之年的老专家，仍然在田间地头不停止地做各种各样大大小小的事情。近年来他在海水稻的研究上又迈出了新的可喜步伐。他兢兢业业，克勤克俭地扑在水稻事业的一生，就是从一件件不起眼的事上做起的。是他慧眼发现了一株小小的"公禾"，才和他的同事们打开了杂交水稻研究的大门。

综上所述，我们要成就大业，不仅不要拒绝做小事，而且还要认认真真去做好做细小事，我们才可以养成良好的习惯，才能慢慢地培养我们不屈不挠的精神。如我国的核潜艇之父——黄旭华先生，隐姓埋名，甘于寂寞一干就是四十多年，连理发都在家里由其夫人帮他理，近50年没有进过理发店。总是潜心于他的科研工作，孜孜不倦地把小事做成了大业。

笔者在刚参加工作时，由于专业不对口，就被安排在公司的行政办公室打杂。有时没有什么事干，我就到食堂帮助洗菜，搞卫生，到单位所在社区写写宣传标语。那时我们单位仅两个本科毕业生，同事们见我们不拒绝做小事，而且也比较勤奋，很快受到党组织和同事们的认可。也为我后来的发展奠定了基础，当党政机关到基层选调工作人员时，我就被组织推荐成为选调的一员。所以只有把小事一件件地去落实好，做大事的能力也就在不断的实践中提升起来。

再比如，被誉为"第一好人"的雷锋同志就是在不断地做着为人民服务的一件件不起眼的小事，才受到部队和人们的赞扬。毛主席曾经亲自题词"向雷锋同志学习"。他的日记与事迹都成为人们学习的好教材。我至今还背得他写的日记："对同志要像春天般的温暖，对工作要像夏天一样火热，对个人主义要像秋天扫落叶一样，对敌人要像严冬那样残酷无情。"他只有小学还没有毕业的文化水平，能够写出这样高境界的日记，并且身体力行，说明他在军队这个大学校里一步一步地成长，才成为毛泽东思想培养的一代优秀青年的杰出代表的。

笔者之所以不惜文字，举例这些，意在告诉朋友们，只有做好小事，才可成就大事，才可终得大业。我们要具有如此这般执着的毅力和勇气，就必须坚持：

一、具有全心全意为人民服务的初心，并且始终不忘。

二、一定要克服急功近利的思想，坚持行稳至远，久久为功的原则。

三、坚持勤劳朴实的工作与生活作风。不管是本科生还是硕士博士，都要紧密联系群众，都要紧密联系实际。放下身架，拜同事们为师，久而久之是一定会有出息的。

# 十一　细心与细致

但凡一个人在社会上出名后，其逸事也就比较多。我记得郭沫若先生在成名后，就有不少逸事在社会上流传。如有一次，他回乡省亲，他与少年时的小学老师相见后，其老师非常高兴。因为郭沫若先生还是一位著名的书法家，字写得非常出众。于是，这位老师就请郭沫若先生给他赐副字。郭沫若先生非常谦虚地问其老师："请问您要我写什么字呢？"他老师连忙回答说："随便，随便"。在郭沫若的印象里，这位老师平时就不怎么注意修边幅的。因此，郭沫若稍加思索后，就写下了"不可随便"四个大字，赠送给了他的老师。

这件事启迪我们，在待人接物中，在做事的时候是不能随随便便的。都是要注意细节，做事也必须要细心、细致地去做。这样，我们就能减少工作差错或工作失误的发生，成功的概率也就会大一些。

还记得苏联宇航部门在挑选第一个进入太空的宇航员时，首先要宇航员在地面进入航天飞船中进行模拟操作。然后，由现场的专家与领导根据宇航员的现场表现与平时训练的情况，综合考虑后再确定人选。这天，在挑选由谁第一个出征时，轮到加加林这个宇航员进行模拟操作了。只见他不急不慢地把长筒靴子脱了才进入飞船。后来，他就被确定为苏联第一个登上太空的宇航员，一时享誉世界，名垂青史。为什么选他第一个出征呢？因为，当天只有他一个人脱了靴子进入飞船，人们就认为他是一个非常注意细节的航天员。他的这一优点正符合航天员这个职业的要求。事后有人问他，你为什么要与众不同地脱掉靴子才进入飞船呢？他说："我看见飞船干干净净，我怎么能够把穿脏了的靴子带到里头去呢？"人们听了他的回答，都称赞他的细心与细致。

我曾经读过一本《细节决定成败》的书，书中用无数的事实告诉我们，科研、医务、教学等各行各业工作及我们平时的日常生活都必须注意细节，讲究细节，它是关涉到我们事业与人生能否成功的关键之所在。特别是一些与人们生命息息相关的行业或工作岗位，尤其要注意细节、重视细节，这是千万马虎不得的。

还记得2007年9月22日（英国时间），中国商人以约7.8万英镑（约合人民币120万元）的天价，拍得了一把非同寻常的钥匙，这把钥匙就是当年"泰坦尼克号"上用来锁望远镜的那把锁的钥匙。当时因一位二副休假没有上船，他却忘了把这钥匙留下来给当班的同事。当望远镜没有钥匙而取不出来时，人们还一再疏忽下去。在茫茫夜晚，滔滔大海，用肉眼来瞭望，当然就看不到那巨轮前头远处若隐若现的巨大冰山了，结果导致了特大的撞船事故，发生了巨轮沉没，1522人丧生的世纪性的最大悲剧。

由此可见，工作不细心，管理不细心，我们手上就出不来细致的功夫，就不可能把工作做好，不仅没有日积月累大好业绩，还会闯出既害人又害己的大祸来的。

因此，我们要想让亮丽的人生和壮丽的事业之航船达到胜利的彼岸，决不能不细心，决不可以不细致。俗话说得好，"千里之堤，毁于蝼蚁之穴。"我们倘若不细心地对待我们的工作和生活，细致地去下我们的功夫，我们就会一事无成，甚至可能连自己的生命也会在不经意间丧失掉。这不是危言耸听，这是被实践证明了的真理。"前事不忘，后事之师。"因此，我们必须在细心、细致四个字上做文章、下功夫。

所谓细心，就是我们不能做"马大哈"，要做有心人，工作、生活都必须用心。只有用心，才有细心的状态出现，才可能保持细心的持久。这样细致就有了前提条件。

所谓细致，就是精细周密，它是细心、用心的结果。细致的人就讲究细节，就能出细活，连细微之处也不放过。所以他们无论是做工还是务农，是从事体力劳动还是从事脑力劳动都是兢兢业业、精耕细作的，从不懈怠，从不马虎。

而要达到上述境界，笔者认为，我们必须注意加强这几个方面的修炼。

一、博览群书，了解历史。纵横观察，反复研究古往今来细心或不细心的人们演绎的正反两面的经验，从中吸取经验和教训，为我们人生导好航，为我们细心、细致奠定良好的理论与思想基础。

二、工作生活都要严格严谨。人生如戏，一幕一节都要严格要求。如同文艺界的艺术家们那样，一进入角色，一招一式都是规规矩矩、有板有眼的。因此，我们时刻都要进入角色，不可松松垮垮，随随便便。久而久之我们就会养成细心与细致的良好习惯。

三、坚守定力，保持恒心。做人做事要让自己满意，他人认可，社会认同，这可不是一件容易的事情。所以细心也好，细致也罢，一定要持之以恒。毛泽东同志曾经说过，做一件好事并不难，难的是一辈子都做好事。细心细致，这是一辈子都需要我们去把握的好事。所以，我们要有毅力，要有恒心。

我深信，"功夫不负有心人，铁杵也能磨成针。"

# 十二　专心与专业

我国明朝洪应明先生所著《菜根谭》中有这样一句话："学者有段兢业的心思，又要有段潇洒的趣味。若一味敛束清苦，是有秋杀无春生，何以发育万物？"

把洪先生的这段文言文译为现代文，可以这样来表述："做学问的人要抱有专心求学的想法，行为谨慎犹勤事业，也要有大度洒脱不受拘束的情怀，这样才能体会到人生的趣味。如果一味地约束自己的言行，过着清苦克制的生活，那么这样的人生就只像秋天一样充满肃杀凄凉之感，而缺乏春天般万木争发的勃勃生机，如何去培育万物成长呢？"

如果我们能够准确理解与努力践行这类优秀的传统文化，对实现我们的人生价值一定是大有裨益的。

一个人，要成就一番事业，必须专心，即集中注意力，"有段兢业的心思。"不论是学习，还是工作都要专心一意，千万不可粗心大意，千万不可掉以轻心。我们能够专心学习某个方面的理论或科学知识，久而久之我们就能掌握某方面的专业技术，就可以成为某个方面的专家，甚至高级专家。也就可以在某个领域或行业"发育万物"了。

如我国的大科学家、大学者们之所以在事业上大有建树，他们的成功之源有四点：

一是勤于学习。他们能够专心专意，锲而不舍地学习，都是学有专长之学者或大师。

二是善于思考。他们能够抓住要害或难点，以苦思冥想的顽强精神去寻找解决问题的办法，能够提供化解难题的办法。

三是勇于创新。他们不是书呆子，"有段潇洒的趣味"，而不是"一味敛束清苦"，才能够不断地提高知识的生成化水平，在科研工作中也就时常能够别开生面，独具匠心地创造出前人没有创造出的科研成果来。他们所从事的事业也就能呈现出"春天般万木争发的勃勃生机"。

四是能于实践。他们既是创造新理论、新技术、新方法的能手，又是能将新理论与新技术、新方法运用到实际中去，并能取得良好的科研、经济与社会效益的高手。

咱们国家拥有这样的一大批优秀的高级创新型人才，就有了推动教育、科研、技术、经济等各方面可持续发展的强有力的人才智力保障。所以党和国家也就高瞻远瞩地长期坚持尊重知识、尊重人才、尊重劳动、尊重创造的战略方针。就是要充分发挥广大专业技术人员的积极性、创造性。用他们的"专心"与"专业"去加快我国现代化建设的步伐。

所以，我们只有专心，才有专心专意，真心真意地把我们专业技术工作等做好的基础。没有专心，就不可能掌握某方面的专业知识，也就与"专家"的头衔无缘了。

因此，大凡有作为的人们，他们都是学习专心，专业技术知识渊博的群体，在教学、科研、经济建设、理论创新等领域都是出类拔萃的。可以说没有专心，就没有专业技术的本事。没有孜孜不倦的劲头，就不会有一鸣惊人的业绩。如当年的数学家陈景润先生，走路都在思考数学中的问题，撞到电线杆后才回过神来。是多么的专注啊。有了这种打破砂锅问到底的韧劲，他才攻克了"1+1"的数学难关。

那么，我们的专心，专业来自何处呢？

一是人生应该有志向，有追求。从小就要立大志。不做碌碌无为的懦夫，要当敢闯敢干的勇士。这要求我们要早规划，早绸缪。这样，当我们回首往日时，就不会有追悔莫及，悔不当初的遗憾了。

二是注意培养个人的兴趣与爱好。自己认定了的事，要长期坚持下去。如我练习书法是由喜欢书法艺术开始的。不求成名成家，但对中国优秀传统文化情有独钟。因为练习书法要与古人神交，与唐诗宋词多有接触。二十多年来的坚守，乐此不疲，虽然花了许多钱，出了不少的汗，但觉得很有意义。有一次参加家乡的募捐活动，我写了两幅字（已经装裱的），当场拍卖得善款23000元，全部捐给了安化灾区。我认为自己的努力得到了社会认可，感到非常高兴。

　　三是树立恒心。要成为专业技术人员，成为高级知识分子这样的专门学者或专家，必须刻苦，必须耐劳，必须有股钻牛角尖的劲头。学新的知识或某门艺术时，不能浅尝辄止，要下死功夫钻进去，要有不到黄河心不死的决心。

# 十三　言与行

　　当一个婴儿长到一两岁后，就要讲话发言了，就要开始比较随意地行动了。因此，反映我国传统文化的幼学一类书籍，如《三字经》《增广全文》就在告诉人们怎么样去"言"与"行"方面有许多精华可取。而重视家教的家庭，也从娃娃开始就重视对子女言谈举止的教育了。因为，一个人言谈举止的好坏，首先，与家教的好坏有很大关系。其次，是与幼儿园、学校老师的教育关系极大。因为从三岁入幼儿园一直到大学毕业，孩子们都基本上学习、生活在学校里，老师严格要求，校风、学风良好，这样对学生们的言行影响就非常好。反之，人生的第一粒扣子也许就系不牢靠。这样一来，孩子们不仅不能成龙成凤，还可能成为"不接世"的歪瓜裂枣。

　　这是从人生的开始来说的，当一个人走向社会以后是不是言行就可以疏忽了呢？同样是不能疏忽的。因为人们对一个人的评价总是要"观其言，察其行"的。而人们最不喜欢的就是那种"语言上的巨人，行动上的矮子"，那种不讲信誉的人。

　　特别是当今时代，咱们国家为适应加快现代化建设的迫切需要，正在努力实施人才强国战略，以培养造就一支德才兼备的宏大的人才队伍。一个人如果言行不一，怎么能够取信于人呢？一个只知道清谈，不会实干，或不重实干的人又怎么能成为德才兼备的人才呢？所以无论从哪方面去认识与研究都必须认真对待我们的一言一行，这才能体现我们是有教养、有品行的人。

　　从"言"来说，不要误以为"说话不要本，只要舌头打过滚"就可以了。我们能不能"滚"出金玉良言，"滚"不"滚"得实在，这都与我们的学识、修身养性的水平关系极大。因此这舌头之"滚"是要本钱的。这本钱呢？就来自我们修身养性的程度，思想觉悟的高低。必须做到一是一，二是二。不讲大话和空话；不夸夸其谈，不吹牛拍马；忌扯谎捏白，不说假话；不惹事弄非，不无中生有。一定要坚持讲真话、实话，讲中听的话。同时，我们说过的话，讲过的事，必须要兑现，"君子一言驷马难追"就是这个道理。一定要坚持说得到，就要做得到。说话不上算的人，就是那种"反反复复的小人"，不仅无法成事，还会成为人们眼里"不可信赖的人"，那我们又何以"接世"呢？

因此，一个人能不能坚持言行一致，是考验我们是不是德才兼备的重要标准之一，这是千万疏忽不得的。

至于"行"呢，一是要有实干精神，说了要干的事，就要扎扎实实去"行"。不推诿，不马虎。二是"行"必须雷厉风行。做事不能拖拖拉拉，不能左顾右盼。三是，要有担当意识，责任意识。我们所"行"的要经得起实践与时间的考验。四是要"行"出精细活，"行"出功夫来。这就要求我们在"行"的时候要精益求精，一丝不苟。

总之，"言"与"行"不是一件小事，也是为人不可或缺的一门重要艺术，需要我们与时俱进地不断完善。使我们最终能够成为一个有益于社会的人，一个人们敬重的人，即使不能流芳百世，也绝对不要遗臭万年。

# 十四　良心与良知

我记得，小时候，大人告诉我们小孩子，要好好读书，要好好做人，长大后，不能为"良相"，也要为"良医"，才有生路，才有出息。由于当时年纪小不懂事，大人的这一教诲也就成了耳边风。

后来才逐步懂得，那时大人所讲的"良相"，无非就是做个好官，安邦治国；所谓"良医"就是做个救死扶伤的好医生。那拿今天的话来说呢，也就是从政，你就要当个好干部、好领导；从事其他工作呢，无论是当医生，还是做教师，在七十二行里，你都要尽职尽责，兢兢业业把事业做好，成为一个受人喜欢和尊重的人。"良相"与"良医"二者所指的都是要干一番事业，去造福老百姓，这才可谓"良"也。这也就是要求我们做个有良心，有良知的人，也才能有上述这样良好初衷的实现。

所谓"良心"，宋朝朱熹《四书集注》中释为"良心者，本然之善心，即所谓仁义之心也。"通俗地说所谓"良心"，本指人天生的善良的心地，后多指人们内心对是非、善恶的正确认识，特别是对自己的行为、意图或性格的好坏的认识，同时具有一种做好人好事的责任感，常被认为能引起对于做坏事的内疚和悔恨。相关的词语如：有良心，说良心话，良心发现等。

而"良知"呢，就是"天赋的道德观念所虑而知也"。它与良心是一个特别接近的近义词。但没有良心就不会有良知，良知的前提是良心。良心湮灭，则良知无存。二者是相辅相成的关系，是密不可分的。

我认为，我们现在倡导的"不忘初心"，是升华了的"良心"的体现。不忘初心，方得始终。而这是只有良心未曾湮灭，良知永恒的人们才可以达到的境界和行为。

我们中国共产党人的良心升华就是初心不改，良知不灭——全心全意地为人民服务。这也是良心的必然要求。坚持立党为公，立党为民才有坚固的思想基础。真正的共产党员是不会有任何牟取私利的言谈举止的。为什么在战争年代的烽火岁月，冲锋在前的总是共产党员？为什么在和平年代的抗洪抢险等危难时刻，冲锋在前的还是共产党员？因为，中国共产党立党的唯一宗旨就是"为人民服务"。所以在这面旗帜的指引下，共产党员的步伐才这样整齐，也才这样坚定。所以不忘初心是良心使然，是良知永存的生动体现。

改革开放以来，我们国家发生了史无前例的历史性变化，也取得了历史性的成就。人民生活水平也是芝麻开花，节节高了。但就有这样一些人，在物欲横流面前，忘记了初心，耐不住寂寞，守不住清贫。于是，说假话，办假事的，甚至伤天害理的事都去干的不是少数人。如在官场，不惜卖官买官，贪赃枉法，巧取豪夺。在实业领域，一些不法分子不惜践踏国家法律法规，损害消费者的利益，甚至不顾危及消费者的健康和生命，制造假冒伪劣产品牟取暴利。连那些制造精神产品的艺术家也是罔顾法律偷税漏税，到了无以复加的地步。

所以良心犹在的国民惊呼一定要解决好信仰问题，道德危机问题。否则，势必影响中国梦的实现，影响中华民族的可持续发展。此呼大有其理，呼之正当其时，呼之势在必行！

那我们怎么样保持我们的良心永远不改，良知永存呢？我觉得，一是不论怎么样发展市场经济，都要把为人民服务放在第一位，让人们都要明白市场经济的伦理学"为己的牟利性，取决于为他的服务性"。始终为消费者开发、生产"放得心"的优质产品，以确保良心不变。二是在党政机关要大力倡导和实施"学习型"与"服务型"政党和政府的建设，把为人民服务作为初心的出发点与归属点。使良知能够永远坚守。三是加大对违法乱纪犯罪行为的打击力度。让一切犯罪行为没有藏身之地。给不法分子造成一个"过街老鼠，人人喊打"的态势，让他们没有一点点生存的空间。

我劝金猴再挥棒，玉宇扫清万里埃！

# 十五　文化与文明

平时，人们日常生活中最忌讳的事，就是怕被人家指责"这个人没有文化"；同时，人们也怕别人批评"这个人不讲文明"。因为羞耻之心人皆有之。

确实，在人类已经进入21世纪的今天，我们倘若既没有文化又不讲文明，这不是非常糟糕的事吗？所以，如今学，要有文化；行，要讲文明。这已成为有良知的国人的一个基本共识。这对于推进我国现代化建设的步伐，实现中华民族的伟大复兴都是大有裨益的。

然而，要明了不是我们每个人对"什么是文化"与"什么是文明"都是十分清楚的。因此，我们要争当文化人，要做传播文明的使者，就非常有必要认真学习和研究这两个紧密相关的问题。这对于实现我们的人生价值也是非常重要的。

首先，我们一起来认识什么是文化吧。所谓文化，一方面，是指人类在社会历史发展过程中所创造的物质财富与精神财富的总和，特指精神财富，如文学艺术教育科技等。另一方面呢，指运用文字的能力及一般知识，如学习文化，文化水平等。也就是说，人与自然之间表现在精神上的一切都是文化。文化依赖于文明才能留存下来，历史也都是记载了生物文明行为的文化遗产。也有学者认为，文化是"根植于内心的修养，无须提醒的自觉，以约束为前提的自由，为他人着想的善良"。这就将文化的真正内涵说得非常明白了。

那什么是文明呢？其内涵又是什么呢？文明是人类社会历史以来沉淀下来的，有益地增强人类对客观世界的适应和认知、符合人类精神追求、能被绝大多数人们认可和接受的人文精神。其内涵体现在：恻隐之心，羞恶之心，辞让之心，是非之心……凡此种种人皆有之。

综上所述，小到我们个人日常生活与工作，大到我们民族、国家，文化与文明都是不得不重视的大问题。

众所周知，当今时代，科学技术日新月异，社会发展错综复杂。如果我们不努力加强文化建设，又不努力推进物质文明、精神文明、政治文明、社会文明、生态文明（以下简称五个文明）建设，我们国家可能就要被开除"球籍"。

因为，文明是人类进步的标志，文化是记载和推进文明的重要手段，反过来又是推动文明程度不断提升的途径。没有先进的文化建设，就没有其他"五个文明"建设的提高，就会影响我国现代化建设的进程。我们就会落后于世界，落后于时代，就要"被动挨打"。

比如，我们要更好地实现人生价值，我们唯有加倍努力掌握社会科学与自然科学知识，才能更好地把握人类社会发展规律，共产党的执政规律，中国特色社会主义的建设规律，我们就能够在"五个文明"建设中发挥出我们应有的作用，做出我们最大的贡献。同时，我们的文化水平，文化修养的程度越高，对于推进文明建设的能量就会越大，作用就越好。我们每个人的人生价值也就更高，也就不至于沦为一钱不值的一类人，更不至于走向反面。

为此，我们要有三个"一定要"的决心去认真实践。

一是一定要努力发奋学习。学习中必须刻苦，必须经世致用。要不断地从书本上、实际中、古今优秀人士身上，求贤取优，不断地修身养性。提高文化水平的同时，提高文明修养程度。言，能够表达出真知灼见；行，能够体现文明程度。

二是一定要认真改造我们的主观世界。要把优秀的传统文化、革命文化、先进文化，内化于心，外化于行。力戒清谈，务求在思想上做个明白人，行动上做个实干家。

三是一定要坚持以人为本、与人为善的人文精神。文化也好，文明也罢，都是关于人类进步的学问与进步的行为。我们必须以人民群众为中心，在推动文明建设中，使人民群众有获得感。我们要注意尊重人、理解人、关心人、解放人。唯有这样，我们的文化水平就真正是提高了，文明程度也能与时俱进地向健康的方向发展了。

# 十六　善与恶

有句大家都很熟悉的脍炙人口的俗话："善有善报，恶有恶报；不是不报，时候未到。"

这是对中国优秀传统文化中善恶观的生动描述，也是倡导人们扬善抑恶的金玉良言，还是我们人生处世的至理名言，更是我们建设和谐社会的精神财富。

因此，人们总是胸怀善良，不存害人之意；多发善心，以多做善事；坚持善意，以多行善举。也总是希望人们在待人接物中善待他人，善待朋友。在佛教中还要求善待一切生灵。

可见中华民族的善良文化意识不仅源远流长，而且是非常深入人心的。它也是我国优秀传统文化的重要组成部分。

行善，就成为善良的人们的自觉行为。我记得，在新中国成立前，我们家乡的农村就在溪流上修了很多风雨长桥以方便人们出行与歇脚。还在路边修建有茶亭供路人喝茶与休息之用。若有无家可归且肢体残疾的人，就有善心人士出资给制造一顶轿子，除供他居住外，还由乡邻抬着他到各村帮助他讨饭度日。人们也乐此不疲地伸出援手去帮助他，这样就不至于让这样的可怜人饿死或冻死。

新中国成立后，人民当家做了主人。各种各样的慈善机构，各种各样的善举不胜枚举。无论是地震救灾，还是抗洪抢险，或是扶贫帮困，人们都能够自发地捐款捐物。特别是自1963年毛泽东同志亲自题词"向雷锋同志学习"以来，做好人好事的传统已在神州大地蔚然成风，至今还在发扬光大。

人们向善、行善的本性可以说是与生俱来的。《三字经》就说的好，"人之初，性本善。"只是后来人们的学习、修养、环境不一样，有的能够善始善终，有的就沦为恶人、坏人了，乃至遗臭万年。

与善相对应的则是恶，这是有良知的人们深恶痛绝的。比如经常说的除暴安良就是对恶人的惩罚。疾恶如仇，就是绝对不容许行恶。一旦发现这样的恶人恶事，就要像对待仇敌那样去处置它，决不让它有得逞的缝隙。

我们完全可以这样说，扬善抑恶，是我们实现人生价值不可回避的问题。欲要成为一个有益于人民，有益于社会的人，我们必须这样去实践：

一是必须修炼一颗善心，多行善举。要身体力行地多一些善举，多做一些好事。在平时，路遇不平事，就是要敢于出手，能够理直气壮地主持正义。既然善有善报是铁律，那么我们就一定要把与人为善一贯地坚持下去，即使有时难免受委屈，甚至被误解，乃至流汗流血，直至危及生命也要毫不退缩。只有人人这样为善、行善，才能让恶人没有空子可钻。

二是必须努力培植爱心。问君哪得好事多，唯有爱心善举来。如我平时，经常要去修理室外亭子里的凳子或做一些有益于他人的事。有人见了，就对我说"你可以活一百岁"。我笑着回答："要一百岁干什么？只要我走的时候既不害家人，又不磨自己也就足够了，这种小事能够做一点，就做一点，也是善举哩"。我想，正如歌词里写的："只要人人奉献一点爱，这个世界就一定充满阳光。"阳光之下岂有罪恶。因此，培植爱心这是最基本的，也是最基础性的工作，必须不断加强。同时必须大力弘扬见义勇为的人和事。让好人之善举发扬光大。还要重奖那些见义勇为的爱心人士，广泛宣传好人好事和见义勇为的善举，以大力张扬正气，打压邪气。

# 十七　富与负

　　对于"富"与"负"这两个字，稍微有点文化的人都知道这是两个音同，意则不同的字。我今天把它们放在一起来认识和议论，是另有用意的，绝不是玩文字游戏而已。而是要从中吸取丰富的营养，提高富裕的能力，以不负人民。下面请君听我慢慢道来。

　　所谓"富"，它有表示财产多之意。也有使变富之意，如富国强兵，富民政策；还有资源、财富的意思；还有表示多的意思，如丰富等。

　　这"负"字呢，可是一个"多面手"啊，其含义是多方面的。表示背（背东西），如负重；表示担负，如负责任；表示负担，如减负；表示依仗、依靠，如负险固守；表示遭受，如负伤；表示享有，如久负盛名；表示亏欠、拖欠，如负债；表示背弃、辜负、如负约、忘恩负义；表示失败（与"胜"相对），如甲队负于乙队；也可以作为属性词，表示小于0的数字，如负数；还能组成物理用词，如负电、负极等。这"负"字的内涵显得非常丰富。

　　然而仅知道这两个字的含义还不够，还要把这两个字应用好，才是我们学习的目的。

　　新中国成立以来，我们党和国家在各个时期都提出了许多富民政策，千方百计让老百姓的财富越来越多，就是要使老百姓越来越富裕起来。连扶贫活动也有了新的飞跃：精准扶贫，让真正贫困人口开始走向更加稳定的脱贫致富之路。所以人民有了这样负责任的政党和政府是非常幸福和自豪的。所以我们党、我们国家也就能够越来越受到人民群众的拥护。

　　而作为我们个人呢，国家为我们创造了发家致富的条件，我们要实现自己的人生价值，就要珍惜这良好的机遇，走出一条富裕之路来。

　　我们怎么富呢？君子爱财取之有道。这是古训，也是正道。特别是在知识经济条件下，我们就是要在"志""智"两字上下功夫，做文章。一是要有志气，人穷志不短，要穷则思变。在奋斗中致富，在不断创新创业中求富。二是要用心来致富。如过去是《悯农》现在我们要改为《兴农》："锄禾不（科学种田，工厂化生产，就可以不当午了）当午，良种加沃土。谁知盘中餐，智慧加辛苦。"用科学精神、科学技术、科学手段帮助我们插上致富的翅膀。我们有了国家政策的支持，自己智慧生财的途径，我们的富裕生活就指日可待了。

可是，也有那么一些人，错误地理解发展市场经济的目的。不惜违法乱纪、不惜贪赃枉法、不惜巧立名目以强取豪夺，不顾消费者利益，甚至生命安全，而干出一些违背天理良心，违背国家法律法规的事来。如制造假冒伪劣产品，或非法集资，甚至大搞"黄赌毒"等……这样一来，导致人们"吃荤菜怕激素，吃素菜怕毒素，喝饮料怕色素"的情况时有发生。扰乱了市场经济的正常发展，损害了消费者利益，乃至损害了国家的形象。也直接影响到人民生活的安全，甚至危及人民的生命稳定。这是有良心的人们深恶痛切的，也是政府必须要坚决打击的。对于这些当事人，甚至沦为犯罪分子者，又何以称之为人呢？他们不仅人生价值荡然无存，还要受到严厉的惩罚。

因此，这"富"也好，"富裕"也罢，必须走正道，丝毫不可走歪门邪道。这样才能富得放心，富得省心与舒心，也才是个不负良心的人。

也就是说，要使我们的人生价值不断增值，就应该做一个有良心，有责任，有担当，不辜负人民期望，不辜负国家重托的可以信赖的劳动者。既不负债经营，也不干有负于他人的事。并且还应该自觉地为国家、民族、人民分忧，为他人富裕负责，甚至还能够为他人富裕开辟广阔的情景。这样的人生就真正是十分有意义的。

同时，我们富裕了，还应该为富怀仁。注意帮助、关心那些暂时还没有富起来的人们。一个有识之士，是真正懂得一个人财富再多，也只是"良田万顷，日食三餐；广厦万间，夜眠三尺"的道理的，所以他们将财富都用在了慈善事业上，或发展教育事业，或大做公益事业。如最著名的香港爱国人士田家炳先生，在内地捐款助学，已捐助了一百所院校之多。何等的胸怀与爱心！这就是榜样。

总之，我们富了，就必须回报社会，多一些善举。真正使自己成为一个负责的人，敢担当的人。

"苟利国家生死以，岂因祸福避趋之。"林则徐的这句名言，可以为鉴。我们人生应该有的态度就是生财走正道，坚持负大任，以不辜负国家和人民，才是为"良相"与"良医"者应该有的态度和人生应有的价值观。

# 十八　审时与度势

在四川省成都市的武侯祠里保存有一副清代人写的对联：

"能攻心则反侧自消，自古知兵非好战；不审势即宽严皆误，后来治蜀要深思。"

将诸葛亮当时对西南少数民族宽严得宜，审时度势的治国理政策略描述得非常到位。

由是观之，我们要干一番事业，体现人生价值，总要经过许多沟沟坎坎，经历各种各样的考验。但从这副对联给我们的启示来看，欲想有所作为，必须审时度势，必须有战略眼光的预见性。对于要办的重大事情，还必须提前因人、因时、因地制宜地做出详细的方案来，才不至于"宽严皆误"，才有把工作做得万无一失的前提。那种不审时度势，又不未雨绸缪，到"屎急了才去挖茅坑"的人，是成不了大业的。所以"凡事预则立，不预则废"。我们能未雨绸缪就不会有工作被动现象的发生，也就可以减少失误的发生，以不断提高工作效率。

所谓审时度势，就是在工作时，我们要早琢磨、早规划、早安排。倘若我们工作滞后就会错失良机。届时，我们再发奋也会是无济于事的。那种"事后诸葛亮"的现象于事无补，于人、于己都毫无意义。

所谓审时度势，还在于能够抓住机遇。机遇是什么？有人幽默风趣地形容："机遇如小偷，来时无影无踪，走时不声不响。"那我们怎么样才能抓住机遇呢？

一是要不断提高察言观色的本事。努力培养我们的战略眼光。所谓"英雄所见略同"，就是学养、学识比较高的人们，就具有共同的审势能力，有共同的正确认识，有共同的高屋建瓴之见解。这是需要我们不断实践与学习才可达到的境界。

二是还要有见微知著的能力。好比抗洪抢险，洪水来了巡防堤坝是必然要做的工作。但如果仅仅是在堤上走来走去，应付应付，而不能细致、细心地发现溃堤的"沙眼"，就可能导致"千里之堤毁于一穴"的大失误来。因此，审时度势关键在于能小中见大，把问题解决在萌芽状态之中。

三是工作贵于勤奋。有句俗话说得好："火烧邋遢，贼偷懒散。"很多情况下就是我们功夫不到位而导致的祸端或惹出来的麻烦。所以，我们必须具有勤勤恳恳的工作状态，这也是确保不出差错的一个重要方面。因此，我们必须牢固树立敬业精神，认认真真工作，要把马马虎虎的坏作风扔到"爪哇国"去，我们才能有所作为，有所造就。

还比如，平时，我们接待人民来信来访工作也是这样。原本是一些不起眼的事情，往往是由于不审势，信访工作跟不上，造成苦果累累的结果。所以审时度势，就必须杜绝工作滞后的态度，克服拖拖拉拉，懒懒散散的思想和工作作风。要有"一万年太久，只争朝夕"的精神。把工作做深、做细、做实、做好在前头，能够把"小问题"解决在问题"成堆"之前，就能够处处、时时取得工作的主动权。

# 十九　忍与让

据媒体报道，2018年10月28日10时许，重庆万州区一辆公交大巴车，因为乘客刘某与驾驶员冉某不顾乘客安全，在高速行车中，由口角到刘某先出手用手机砸在驾驶员冉某头上，引发两人互相打斗……导致大巴车失控，撞上相向行驶的红色小轿车后，掉入水深70多米的长江，造成15条鲜活的生命毁于一旦的特大交通事故。事故发生时的视频传出后，肇事的这两人无不被世人千夫所指。

从这个特大交通事故中，我们是可以总结出各方面的教训来的。笔者认为其中有一条，就是一个忍让问题。值得我们好好深思。

明朝还初道人洪应明收集编著的《菜根谭》中有这样一段话："处世让一步为高，退步即进步的张本；待人宽一分是福，利人实利己的根基。"用现代的话来解释这段话，意思就是说：为人处世能够做到忍让是很高明的方法，因为退让一步是更好地进步的阶梯；对待他人宽容大度就是有福之人，因为在便利他人的同时也为方便自己奠定了基础。这是多么智慧的言辞和思想啊。这难道不可以发人深省吗？

现在，我们用洪先生所倡导的上述处世哲学来分析。对于这女乘客来说，你坐过了站，心里不快，可以理解，但也不能这样横行霸道啊！在那危及他人与自己生命安全的时候公然出手打驾驶员，不论你理由多正当，首先，你应当要考虑乘客与自己生命的安全。你这个人的修养是很不带劲的。难道忍一忍不更好吗？这就是你忒任性造成的恶果。既害了无辜的乘客，同时，也丢了自家性命，还要遗臭万年。

对于大巴驾驶员冉某呢，清晨5点多就开始忙碌起来了，确实是非常辛苦的。可是你在高速行驶时，你同时也在履行职责。你就不首先考虑他人和自己的安全吗？如果你能用良好的职业道德冷静地处理刘某的无赖与不法行为，你也就不会丢了自家性命，也不至于成为遗臭万年的肇事者。这问题也就出在，恰恰是两个任性的人碰到一起了，所以不出事也才怪呢。悲哀，他们两人不仅是不值得同情的，反而还要受到法律和社会公德的谴责。这值得吗？

行文至此，让我记起了这样一副对联：

"事在人为，休言万般都是命；境由心造，退后一步自然宽。"

这也就是告诉我们待人处世，应该以胸怀宽广为上策。常言道："忍得一时之气，免得百日之忧。"也是要求我们严格要求自己。不论在家里还是在单位或公共场合，与他人发生了矛盾也不能毫无约束地任性胡闹。相反，我们在受到委屈或遇到不公时，能够冷静下来，好好地分清主次，理性地思考对策，就是高人一筹的，也不至于闹出既害人又害己的悲剧来了。

所以，在"忍让"这个问题上，我主张：

一是我们必须加强个性修养。一定要强化公德意识，千万不可恣意任性。

二是我们必须坚持"无理应让人，有理也不气壮"的原则。在待人处世时，无理取闹者历来被人不齿；而在我们有理的情况下呢？也不一定要理直气壮。要注意方式方法，就可以避免矛盾升级，避免无益争吵与打闹。也就可以减少各种事故的发生，和谐社会的建设就有了良好的思想基础。

三是我们必须从优秀的传统文化、红色革命文化、与时俱进的先进文化中去吸取营养，把我们的胸怀培养得更加宽广一些，美德陶冶得更加多一些，待人处世的能力与水平提升得更加高一些。这样人人都能自律，待人处世的矛盾就可以少发生。即使发生了也可以冷静、理智地处理好。

# 二十　见义与勇为

前面，我写了关于重庆万州区发生的特大交通事故的思考，觉得意犹未尽。下面从另外一个角度再来分析与思考一番。

从事故发生片刻的视频情景来看，乘客刘某与驾驶员冉某之间的打斗虽然发生得比较突然，可也有几分钟的时间。倘若这紧要关头，其他乘客稍有理智和正义感，就应该立马上前去将刘某拉开，甚至制伏她。也可以大声叫喊驾驶员不要影响驾驶，可以把车停下来再与之理论。可是从视频中却看不出有这样的情形来。也许是说时迟那时快吧，乘客还来不及反应事故就发生了。因为，我不在现场只能是猜测了。

也许是我孤陋寡闻，活了七十多岁，过去从来没有见闻因为乘客与驾驶员发生矛盾，就导致这样大的恶性交通事故的发生。窃以为，在国家大力倡导社会主义核心价值观，建立和谐社会的今天，发生这样悲哀的特大交通事故，是很值得我们深思的。

我们在大力发展市场经济的同时，如何进一步加强精神文明建设是一个非常迫切需要解决的问题。人们精神文明程度不提高，见义勇为就难以蔚然成风。毛泽东同志曾经在他所写的《反对自由主义》一文中，列举的三种"自由主义"的表现就是："事不关己，高高挂起；明知不对，少说为佳；明哲保身，但求无过。"到如今，这种现象也不是个别人才有的表现。见义不去勇为的现象比较普遍。如有人要跳河或跳楼轻生时，一些看客还要大声起哄："你快跳呀！"不仅不劝阻，还幸灾乐祸；有时见人在发生争执，不仅不劝解，还唯恐天下不乱地吆喝以助威；甚至有人不小心落水了，驾船的还要寻求好处，讨价还价才去救人，结果延误了救助时间；有人看见小偷在光天化日之下偷电动车电瓶或他人财物也无动于衷……凡此种种"事不关己，高高挂起"的现象不胜枚举。所以，也才导致如网友所说的在邪恶面前"人人觉得事不关己，则只会落得遗像高高挂起""如果不为正义站岗，可能就要为邪恶陪葬"。

因此在加强精神文明建设中，我们必须把见义勇为作为题中应有之义来抓，并且必须抓紧，抓落实：

一是要大力弘扬见义勇为精神。让人们见了邪恶现象就有"老鼠过街，人人喊打"的气势，让正气压倒邪气，使坏人不敢恣意嚣张。

二是加大执法力度。对于见义不去勇为的行为导致的重大事故，要根据情况追究有关执业人员的责任。

三是要大力表彰见义勇为的人和事。所谓见义勇为，"义"者正义也，"为"就是要做。要以精神与物质相结合的办法，鼓励人们和那些见义勇为的英雄们一样敢作敢为。如果见义不去勇为就会受到良心的谴责。要大力倡导人们自觉地去为，及时果敢地去为。

四是要加强约束机制建设。要把各类人才是否有正义感，能不能在关键时刻挺身而出作为道德的范畴进行考察考核。在选贤荐能时，对那种平时见不去勇为的"老好人"决不能重用。一个没有正义感的人，只会明哲保身，给予他们重任一定不会取信于民，还可能造成事业上的损失。组织部门应该在这方面严格把好关。

# 二十一　职业与执业

　　这天，某企业采购员小李乘公交车外出办事，只见车上是人挤人，人挨人的，好不容易才被后上车的人挤进车厢。车子开出不到两分钟光景，驾驶员突然来了个紧急刹车。原来一辆电动摩托车违反交通规则横了过来，不是公交车驾驶员眼疾手快，还差点发生车毁人亡的大事故。这一刹车，那小李一个趔趄，就身不由己撞在了他旁边的一位摩登女士身上啦。这女士瞪着眼睛冲着小李来了一句："看你这德性！"小李呢，也不紧不慢地回了一句："美女，对不起，不是德性，而是惯性。"小李话音一落，车上乘客们一个个都被小李的幽默风趣与智慧逗得哈哈大笑。一触即发的矛盾就这样化解了。

　　这是偶然发生的一个小故事。但我们每个人都有一份职业，这可是个"大故事"了。即除了节假日外，我们职业人员也是天天要上岗去执业的。而我们执业时，避免不了要待人接物，也难免不遇到这样那样的矛盾或困难。为了不使我们这"大故事"异化为大大小小的"事故"，我们必须学会化解矛盾的艺术和方法。这样才可以大事化小，小事化了。而这处事艺术与水平主要来自我们的"德性"——就是职业道德与个人品德；离开了职业道德和个人品德，就会小事恶化为大事，甚至会丢了自家性命，伤害其他无辜的人们。重庆万州区2018年10月28日发生的车毁人亡的特大交通事故就是最能说明问题的案例。是很值得我们每个执业人士深省的。

　　所以，注重职业道德和个人品德是我们执业过程中一个首要的问题，也是一个不可疏忽的重要问题。

　　还是以重庆万州区导致交通恶性事故的肇事者之一驾驶员冉某说起。要知道，咱们驾驶员把油门一踩，就是生命攸关的大事了。就必须全神贯注地履行我们的责任。在汽车这样高速行驶的当口，你冉某就怎么这样任性，这样没有一点职业道德和个人品德呢？所以才不顾违反交通法规，干出这样伤天害理的事来，所以到头来也只能落得千夫所指、遗臭万年了。

因此，职业道德是我们每个执业者不得不加以重视的大问题。

而所谓职业道德，就是同人们的职业活动紧密联系的符合职业特点要求的职业准则、职业情操、道德品质的总和。并且不同的职业有不同的职业道德标准。是公务员就必须廉洁奉公，服务人民；是教师就必须爱生如子，教书育人；是医生就必须心怀仁义救死扶伤；是汽车驾驶员的就必须安全第一，尽职尽责……凡此种种72行，行行都有其行业的要求。如果我们各行各业的执业人员都能够自觉坚持本行业良好的职业道德，我们就不仅可以减少，甚至还可以杜绝各种各样不该发生的事故了。

而职业道德、社会公德、家庭美德是建立在个人品德的基础上的。因此，我们在重视职业道德等建设的同时还必须加强执业人士的个人品德建设。无论党政机关还是企事业单位在选拔或招聘工作人员与员工时，还是在使用、培训工作人员或员工中都要注意个人品德的考察与培训。

同时，我们加强职业道德建设，提高执业人员个人品德，都必须以德树人，以文化人。倘若不坚守职业道德，又丢失了个人品德，那执业人士就会如脱缰的野马，随心所欲，不闯出大大小小的"祸故"来才怪呢。

因此，我们一定要坚持个人品德建设与职业道德建设一起抓，家庭美德与社会公德一起抓，精神文明与物质文明一起抓。并且常抓不懈，一定会抓出效果来的。

在上述"三个一起抓"之中，要加强优秀传统文化的教育，让执业人士坚持"己所不欲，勿施于人""勿以善小而不为，勿以恶小而为之"。要以德报怨，勿以恶报恶。让热爱生命、热爱他人、热爱生活成为咱们执业人员的共识。让人人怀着一颗善心、爱心去迎接每一天冉冉升起的太阳，去欣赏那每一天出现的那颗明亮的月亮。

# 二十二  口角与视角

有一年的中秋节，我回老家安化乡下过节。那天，天气晴朗，秋高气爽。山清水秀的山区那八月十五晚上的天空蔚蓝如洗，一轮明月高挂。于是我和我的几个发小，搬了一张小方桌和几条小方凳坐在农村的禾场上，一边剥着瓜子、花生，或品尝着香甜的月饼，一边欣赏天上的那轮明月，还海阔天空地谈天说地。那是多么的赏心悦目的情景啊。

可是，好景不长。一户邻居的老两口不顾过节赏月的大好良辰吉日，却发生了非常厉害的口角，闹得不可开交。对于在这美丽的夜晚赏月的我们无疑是一种烦人的噪音，实在是太扫兴了。我们只好很不情愿地结束了赏月，前去劝架。后我们得知是老两口对已经回娘家的媳妇买的一台电饭煲的价格，从不同视角评论，由于看法不一，两口子的矛盾也就这样不可避免地发生了。结果因那男的大男子主义作祟，女的说话粗鲁不文雅，直闹得不可开交。

其实，类似于这样的口角，平时，我们也遇到不少。由于看问题的视角发生偏差，或口角流出的不雅的言辞而引发的矛盾甚至祸端的现象也是不少见的。有时，甚至影响了工作，影响了同事、邻居之间的团结，影响了亲情。更为可怕的还造成了事业上的重大损失。

而我们如果要想尽量不和他人发生口角，一定要有识人品物的正确视角，一定要具有一定的表达能力。

比如在工作中对问题看法的视角一致，就容易形成工作的共识，工作效率也就能水涨船高。反之，则会严重影响工作的正常开展。

同时，对口角我们也是不能忽视的。所谓口角就是争吵。如果经常和同事或顾客或家人发生口角，最容易影响我们个人的形象，也不利于团队凝聚力的提升。一个很容易和他人发生口角的人，久而久之只会成为孤家寡人。在人脉就是资源的现代社会，这对事业是有百害无一利的。

因此，为了更好地实现我们的人生价值，更好地为国家民族发展作贡献，为了提高团队的凝聚力，工作效率，不断增进友谊，加强团结，我们非常有必要在这视角和口角这两个问题上下一点功夫：

一是坚持辩证唯物主义思想，看物待人都要视角开阔一些，全面一些，准确一些。特别是对人的审视更加要注意公平公正，更加要客观、全面、准确。因为视角的偏差很容易造成口角。视角端正了，就可以减少口角。

二是一定要坚持实事求是的思想路线。对人也好，对事也罢，一定要坚持一是一，二是二；一定要坚持白是白，黑是黑。尤其要好好地管控住自己的嘴巴。决不可颠倒黑白，混淆视听，更不可冤枉一个好人。这样，我们发生口角的概率就可以不断减少，人们的工作积极性创造性也会与日俱增。

三是加强调查研究工作。为了视角不发生偏差，我们还要多接地气，多进行调查研究，以争取有更多的发言权，使我们看问题更加全面准确。

四是谋事必须多视角地深思熟虑。正如先哲们所倡导的"谋人事如己事，而后虑之也审；谋己事如人事，而后见之也明"（语出清人金缨《格言联璧》）。这是告诉我们：在策划别人的事时，好像在策划自己的事，则思虑得以周全；相反，在策划自己的事时，如同策划别人的事，则能看清一切。我们能坚持这样去谋事，就可以更加周全，就可以避免差错、避免分歧、避免口角的发生。这是不失为良策的。

此外，有时我们与人发生口角，还与我们平时的思想修养，语言表达能力和说话的语气用词等有很大关系，与是否能够坚持文明、文雅有着密切的关系。有句俗话说得好："良言一句三冬暖，恶语伤人六月寒。"因此，我们即使不可避免地与人发生了口角时，也一定要用冷静、宽容的心态去以理服人，以情感人，以文化人。做到痞话、脏话、坏话不出口。要有"有量是君子，无度不丈夫"的大度。在加强精神文明建设的今天，我们应该具有这样的素养，应该不断提高这样的素养。

# 二十三　快与慢

今早我打开手机浏览新闻，只见一个视频传来这样的情景：街头有两位交通频道的摄影记者，在车水马龙的路边采访一位行人。

记者："先生您好！请问您对闯红灯的行为是什么看法？"

被采访的男士："我的看法是，如果闯红灯成功也许可以快几秒；若没有成功呢，那他（她）就要比别人快走几十年。"

接下来的画面，都是因为罔顾交通法规闯红灯，或在车水马龙的汽车中随意穿行的，或是飞速地开着电动摩托车对着正在行驶的拖拉机或汽车撞去的……可这些人无一不被车子撞伤或撞死的。这些违反交通法规而丢了命的，恰恰印证了他们要早走几十年了的警示。

这段视频真让我看得心惊肉跳。既为不遵纪守法，也不珍惜生命的过路人叹息，也无不对他们的家人突然失去亲人而惋惜与同情。

在如火如荼的市场经济环境下，各方面的竞争都是呈现激烈的态势。再加上急功近利的思想作怪，因此，不但上班族们做事要快，走路开车也快。连在高速公路上开车还嫌不够快。退休了的也是要越快越好，连婆婆姥姥，公公爹爹一个个也是火急火燎的，排个队什么的生怕慢了。平时，真正难得看见几个淡定自如的人。因此，交通等各种各样的事故也就特别容易发生。

常言道："欲速而不达。"说明这"快"是要有前提的。倘若条件不成熟或根本就不允许，我们能够快吗？走路也好，驾驶机动车行驶也好，我们如果为了快，要罔顾法律去闯红灯，我们不是去送死，也要被处罚，还影响他人的安全。在这种情况下我们为什么就不可以坚持慢几秒几分呢？这违反交通法规，有害交通秩序的"快"是害己又害人的，也是我们千万使不得的。

那什么时候可以快呢？农民务农，为了不违农时，必须快；军人打仗，为了不误战机，必须快；企业生产，为了完成生产任务，不能违反购销合同，必须快……这是容不得我们慢慢腾腾的。而这种种"快"里头，必须要早准备、早筹划。如历来就有"不打无准备之仗"的说法。农民在冬天就在为来年的春耕生产做准备了。所以，这快，都是有前提条件的。比如有时我们外出要赶火车、飞机、轮船等，那我们就要早安排好时间，就早一点出发。急急忙忙赶路的没有几个不出事的，我们应引以为戒。

2018年5月14日早上，四川航空公司由重庆飞往拉萨的3U86133航班，在四川空域内的飞行途中，驾驶舱右侧玻璃突然破裂，驾驶舱瞬间失压，气温降低到零下四十摄氏度。在意外发生后，万米高空中机组的副驾驶徐瑞辰半个身子被"吸"了出去，大量自动化设备失灵。机组立即向地面发出"7700"紧急求助信号。

在此危急关头，机长刘传健同志凭他二十年来的驾驶经验，用手动操纵，于7时40分左右将飞机在成都双流机场成功降落。从而挽救了机上119位乘客和9位机组人员的宝贵生命。整个备降过程仅仅20分钟。可见其处置之快。而其快的诀窍在于技术之精，功夫之硬。事后刘传健被国家有关部门授予"英雄机长"光荣称号，他是当之无愧的。

因此，我们倡导的快是锤炼出真本事、是未雨绸缪、是遵纪守法的快，是具备条件或条件允许的快，如具有刘传健同志这样真功夫的快。否则，一切无从快起。

所谓"慢"呢，是相对于"快"来说的。我们要正确认识这"慢"有多种多样的内涵。一方面是强调在履行职责时，在见义勇为时，在抢险救灾、救死扶伤等情况下是只能快，不能慢的。而这快的前提是，平时我们在学习与工作时都不能慢吞吞的，也不可以拖拖拉拉的。要在精益求精的基础上求速度，求效率，求效益。这样紧急时刻就快得起来，快得好。另外一方面，还强调慢工出细活，如绘画作图，书法创作，工艺美术中的工艺流程等。还有年纪大了手脚不怎么灵活了，甚至还有各种各样的疾病缠身，所以这时我们走路、喝茶、就餐、做事也要小心翼翼，也就快不起来了。还有在车水马龙的路上，无论驾驶机动车辆，还是走路，不论老少男女，不论职业如何（除军队或公安部门执行特殊任务或救火、救灾及救护车可以特殊处置外），都要以安全为第一要务。决不可随心所欲地求快的。就是我们有时，突然重病来了，也要不着急。"病来如山倒，病去如抽纱"，是急不好的。我们必须坚持既来之则安之，让身体慢慢增加抵抗力。以安心积极的态度去慢慢治疗，以求得完全康复。

　　总之，这或快或慢是容不得我们怠慢的。是快是慢都有一定的讲究的，也是有一定规律可以摸索的。

　　人生路漫漫，让我们大家一起去认真研究与探索快与慢的诀窍吧。

# 二十四　知足、不知足与知不足

"人不通古今，襟裾马牛；士不晓廉耻，衣冠狗彘。"（语出明·陈继儒著《小窗幽记》）用现代的话来讲，这句话的意思就是："人如果不通晓古今变化的道理，那就像穿着长袍短衣的马牛一样；读书人如果寡廉鲜耻，那就如同是穿衣戴帽的猪狗。"

我认为，先贤们的这段话对我们现代人也是具有比较好的警示作用的。那些不通古今，寡廉鲜耻，贪赃枉法的腐败分子，不就如同那穿长袍短衣的牛马、穿衣戴帽的猪狗吗？其结局呢？要么是倾家荡产，要么是家破人亡，还要被人当成茶余饭后嘲笑的对象。

毛主席曾经说过："一个人是要有一点精神的。"是的，人无精神不立，国无精神不强。没有精神的人如同行尸走肉，没有精神的国家就要落后挨打。

特别是进入现代社会，我们个人要有所作为，国家要更加强大，必须有强大的精神作动力，必须有强大的精神为支柱。

就个人来说，这精神中可贵之处，就在于人生要懂得"知足、不知足、知不足"的道理，并且还要持之以恒地身体力行。

所谓知足，就是满足于已经得到的（一般指生活、愿望等），所以，一些有识之士总是倡导和坚持知足常乐，知足无求。如毛主席一件睡衣补了59个补丁，另外一件则补了67个补丁。堂堂开国领袖是多么的知足啊。他在新中国成立前，出生入死，时常风餐露宿，可是在新中国成立后仍然号召全党和全国人民保持艰苦奋斗的精神，并且以身作则，身体力行，其战略眼光是多么的了不起，其精神是多么的伟大！又比如作为开国元勋之一的朱德委员长的家训就是："食，有粗茶淡饭就够了；穿，有整齐干净的粗布衣服就足矣。"他不仅这样要求家人，而且他自己勤俭节约、艰苦朴素一辈子。建国初期，他就主动地提出将自己的工资由每月700元降到同毛主席一样，每月400元，并且后来再也没有增加过工资。他逝世时，他省吃俭用结余了26 000元，后来其家人按照他立下的遗嘱，将这笔钱全部用来交了党费。就是毛主席、朱委员长等这样一批知足的党和国家领导人为中华民族的解放，为新中国的缔造创造了丰功伟绩。可是，他们已经是吃苦在前了，却丝毫没有去安逸享受的思想，也决不躺在功劳簿上向人民讨价还价。这种知足的精神是真正值得我们永远学习和继承下来的。我们必须老老实实地学习毛主席、朱老总的伟大精神，不断强化我们知足常乐的意识，自觉地坚持全心全意为人民服务。

所谓知不足呢？就是总觉得自己做得不够，在为人上，能够严格要求，注意谦虚谨慎，不骄不躁；在工作上更是能够自觉自愿、能够不知疲倦地忙碌着。始终能够做到领导在与不在一个样，领导交不交代一个样。如被誉为"铁人"的全国劳动模范王进喜同志，他为了建设我国的大庆油田，宁肯少活20年也要豁出去的奋斗精神，就是工作上不知足的光辉典范。

我们再看看享誉"两弹一星"之父称号的邓稼先老前辈不知足的精神吧。1958年的一天，在他接受新的工作任务临行前，她与其妻子有这样一段对话，真正是振人肺腑：

邓稼先（以下简称为邓）："我要调动工作了。"

许鹿先（以下简称为许）："去哪里？"

邓："不能说。"

许："去干什么？"

邓："不能说。"

许："那你给我写信"

邓："不能通信，这个家就靠你了。我的生命就献给这个工作了。如果做好了这件事，我这辈子活得值得，就是死也值得。"

就是这样一大批对工作、事业不知足的专家、学者、专业技术人员与技术工人不惜一切代价的精神，哪怕是奉献宝贵生命也在所不惜的顽强拼搏才创造了一个又一个人间奇迹：

1964年10月16日中国第一颗原子弹成功爆炸。

1967年6月17日中国第一颗氢弹试验成功。

1970年4月24日中国第一颗人造卫星发射成功。

倘若没有这样一大批为"两弹一星"舍生忘死、舍小家为国家、工作从来不知足的、默默无闻的英雄们，就不会有中国在世界舞台上的底气和魄力。

因此，能够坚持在工作上不知足的优秀人士都有一个共同的特点，这就如北京大学经济学院党委委员、院长孙祁祥教授说的那样："我似乎从来没有过为别人打工的概念和意识，不管是当知识青年还是当话务员，不管是当老师还是'双肩挑'的管理者。我一直珍惜每一个工作机会，一直认为在做自己应当做的事情。"其语言朴素无华，但其精神何其高尚！这也是工作不知足的生动写照。类似于这样先进的思想，先进的人物可以说在我们周边是不胜枚举的。他们一个个都是我们学习的好榜样。因此，可以说，咱们中国人创造的"铁人精神""两弹一星精神""航天精神""抗洪抢险精神""抗震救灾精神"等都是在工作中有不知足的劲头的生动体现。

然而，生活上的知足常乐也好，工作上的不知足也罢，其动力与精神的源泉，就是改造主观世界上的知不足，学习上的知不足。这些优秀的人们始终能够坚持"为有源头活水来"，才自觉地做到学习修身不徘徊的。

因此，成功的人士们，才有生活、待遇、名誉等方面知足的自觉性，才有工作上奉献不知足的劲头。他们总是在学习科学理论与技术上，有从来知不足的自觉；就能够有与时俱进地去掌握新知识、新技术知不足的劲头。他们也才能真正能够成为"通古今""知廉耻"的中华民族的优秀儿女、成为祖国的栋梁之材。他们总是能够自觉地坚持"一日三省吾身"，这样一来，他们思想觉悟的提高，工作的坚持不懈，知识总量的增加就有了源源不断的活水。

总之，这"知足""不知足"与"知不足"三个词连起来读，虽然有些拗口，但在我们的一生中，这是三个非常重要而重大的课题，是要我们好好地去实践和体会的，弄通了就会其乐无穷。

因为国家的发展离不开这种精神，民族的进步同样离不开这种精神。

# 二十五　自觉与自由

有一天，我翻阅《读者》，看到书中有这样一段话来阐述"文化"的科学内涵："根植于内心的素养，无须提醒的自觉，以约束为前提的自由，为他人着想的善良。"我看后大有赏心悦目的感觉，亦受茅塞顿开的启发，更有相见恨晚的遗憾。真正是学无止境啊！这四句话，足够供我们享用一辈子。

这段精彩的语言中提到了"自觉"与"自由"这两个我们人生躲避不了的词汇。所以，今天就此来啰唆几句。

所谓自觉，在《现代汉语词典》里的解释有这样一些含义：作动词，表示自己感觉到；作形容词，表示自己有所认识而觉悟，如词语"自觉自愿"。

我们是否能够演绎出精彩的人生，这个"自觉"的问题就非常重要了。所以，在上述关于文化的科学内涵里就有"无须提醒的自觉"的要求，这无须提醒就体现在自觉自愿上。这个自觉是我们发自内心的自觉，是我们感觉到必须要这样为的自觉，是无须组织或他人提醒的。比如学习问题，它是用思想来进行的劳动，人的一生都不可以停止的最基本的实践活动；它是掌握已有知识，探索未知领域的实践活动。可是至今为止，这世间上还没有发明一台类似于医学用的X光机或B超似的仪器来照照我们是不是在认认真真学习。所以，这学习就必须是无须提醒的自觉自愿地学习——认真、刻苦、扎扎实实地学，老老实实地学。不要老师或学校或组织监督的，也就能够坚持读好书，把书读好。也才有如周恩来总理所说的"活到老，学到老"的自觉精神。这自觉，就在于是我自己感觉到不学不行，不认认真真学也不行，不持之以恒地学也不行，并且不注意学习方法，不能理论联系实际，不经世致用都不行。真正实现了"要我学"向"我要学"并且"必须学好"的自我转化，这学习的自觉性、积极性和学习效率也就能不断得以提高了。大凡成功人士都是学习比较好的，都是能够自觉自愿学习的优秀一类。

还比如，平时我们出行，或走路，或驾驶机动车辆，或上山生产，或下河打鱼摸虾，或参加文娱体育活动等，都应该自觉遵守上述活动的法律法规或游戏规则。作为一个成年人就更加不要他人提醒了，我们应该有这个觉悟，有这个基本的素养。如走路我们闯红灯，就违反了交通管理法规，轻则遭处罚，重则，自己负伤了还要被追究法律责任；如果自己死了，就成了他人的反面教材。所以一个不自觉的人是既害己又害人的。而且一个经常要人去这也提醒，那也要提醒的人，是与人生的成功，荣誉的光环丝毫不沾边的。并且由于不自觉，还很有可能给自己或国家造成不可挽回的重大损失，到时也是追悔莫及的。但愿我们任何时候，做任何事情都要以法律为准绳，以纪律为约束，以良知为底线，自觉自愿地去工作、学习与生活。

还比如，一个有夫之妇，或一个有妻之夫，双方都应该自觉共同遵守婚姻法，和睦相处，携手并进，持家兴业才是正道，才为上策。任何一方的拈花惹草都是不自觉的，不负责任的非法行为，后果都会是不言即明的。

所以，这自觉是：学习好，觉悟高，在为人、做事都是被人们或社会认可的优秀人才的优秀品德，是他们根植于内心的一种基本素养。这是做假不能所为的，这可不是装模作样的结果。自觉也是我们绝对不可或缺的基本准则。

关于"自由"呢，我们也是不可小看的。它可是社会主义核心价值观的一个重要组成部分。而社会主义核心价值观也是我们必须自觉遵守的社会公德。

所谓自由，它作形容词，是指不受拘束，不受限制：自由发言，自由参加活动。作名词，表示在法律规定的范围内，随自己的意志活动的权利：人身自由，自由平等。在哲学上是指把已经掌握了的事物发展的规律性，自觉地运用到实践中去。因此，在哲学上有"从必然王国到自由王国"的说法。

而"自由"是相对而言的，可不是天马行空独来独往的。它是以约束为前提的。因此，我们要享受太平盛世的自由，就不能突破法律的约束。倘若罔顾法律的约束，我们就连晒太阳的自由也要失去了。我们要享受和家人在一起生活的自由，就要接受家庭美德的约束。否则，我们就是家庭中不受喜欢的人，这自由就要大打折扣了。我们要有争当先进的自由，就必须努力学习与工作，自觉遵守各项纪律，接受纪律的约束。否则，就要接受处分或处罚。我们有科学研究的自由，我们就必须接受科学规律的约束。胡思乱想地自由研究，是永远也达不到"自由王国"的。

还有生活中我们有说话的自由，但是我们必须受文明礼貌的约束，受社会公德的约束。如果是妄议国家大政方针，或者是痞话、脏话连篇，甚至是挑拨是非等"自由言论"，那结果呢，轻则，让人不高兴；再则，可能要挨纪律处分；重则，闯出大祸来还可能要失去人身自由。

我们有劳动的自由，但罔顾安全生产条例，或破坏绿水青山，或影响别人正常生活、生产……那这样的劳动，就是再辛苦也是没有好果子吃的。

总之，我们要自觉，要享受法律赋予我们的自由权利，就一定要注意下面这几个方面：

一、要自觉地多学习，以不断提高"让良好的素养扎根于内心"的自觉性。争取做一个真正的文化人、文明人。

二、发奋工作，用自觉行动展示我们的才华，去自由享受成功的喜悦。

三、坚持与人为善，自觉地为他人着想，自觉地为他人享受自由自在的幸福生活保驾护航。

一个能够持之以恒自觉地不踩"高压线"（法律），不踏"红线"（纪律），不破"底线"（良心、良知）的人，其人生一定是五彩缤纷的。

# 二十六　有心与有为

今天，11月11日，是人们所称的"光棍"节，我不是光棍，也就没有资格过这节了。在此，我以《有心与有为》的小文赠送给过这节日与不过这节日的朋友们，也算是我对这节日的庆贺吧！

大凡有理智的人们都认为父母亲养育自己时，真正是含辛茹苦：小时，尿一把，屎一把地不辞劳苦地操劳。大一点后，就从幼儿园到中小学直至大学还要配合学校老师进行德才两方面的苦口婆心的教育培养。他们是多么的不容易啊。

为此，这些已经成才了的人们，如新型技术农民，或专业技术人员，或公务员等都有这样一个良好的愿望：要好好地感恩国家、社会、老师、父母亲的培养，感恩家人与同学的帮助。

我想他们这个愿望是非常好的。"滴水之恩，当以涌泉相报。"这也是中华民族的优良传统，是应该让其永放光芒的。

然而，这感恩不能仅仅停留在给父母亲等人买点吃的用的什么上。而是必须不辜负国家、老师、父母亲的培养，不辜负家人与同学们的帮助，要在事业上有所作为或大有作为。这才是国家所期待的，也是父母亲所希望的，及家人同学所企盼的。

而人们要有所作为或更大的作为呢，其路径将是多方面的。但笔者认为，一个人要有所作为，必须要做个有心人，这是最基本、最起码的一条。因为，有心才有为，甚至才有大作为。我们以事实为证。

案例之一：2018年6月16日上午，也是我国传统节日端午节小长假后的第一个工作日。突然"砰"的一声巨响，从湖南长沙中石油岳麓大道加油站传来。只见一台小车不小心将站内4号加油机撞倒，顿时该机燃起大火，火苗蹿起两米多高。而此时在排队加油的有31辆车，车上及周围有各类人员100多人，形势千钧一发……

在这危急时刻，加油站的员工立即采取行动，关闸、灭火、疏散同时紧张而有序地展开……仅短短38秒就干净利落地化险为夷。既保护了国家财产，也保护了人民群众的生命安全。

事后，长沙市政府隆重召开了成功处置"6.16事故"的表彰大会。会上，湖南省安全委员会、长沙市政府、中石油湖南公司联合对在抢险中表现突出的7名员工给予了80万元的重奖。并且对他们的优秀事迹给予了高度评价，号召各行各业学习推广这个站安全生产的先进经验。

据记者采访报道，这个突发事故的成功处置，这38秒的功夫，全得益于该站领导和员工的有心，即非常重视安全生产。平时，他们经常组织消防演习，对可能发生事故的危险因素进行排查，发现问题逐一进行整改。安全之心常有，安全事故就难以发生，工作就有作为，在政府、在人们心中这样的单位也才有地位。常言道："火烧邋遢，贼偷懒散。"就是告诉人们要做有心人，做事为人都应该未雨绸缪，心存戒备，以防万一。

案例之二：2005年10月12日上午9时，我国神舟六号飞船成功发射。17日凌晨4时33分，在经过115小时32分钟、绕地球76圈的太空飞行，完成中国真正意义上有人参与的空间科学实验后，神舟六号载人飞船返回舱顺利着陆，费俊龙、聂海胜两位航天员安全返回。神舟六号飞船总长9.2米，总重8顿多，与神舟五号相比，它进行了110多项技术改进。

这些数据虽然比较枯燥，可它们却是来之不易的。据不完全统计，直接参与六号飞船工程的单位有110多个，涉及单位3000余家、参试的工程技术人员超过10万人。就是这些参与工程建设的技术人员，个个都是对工作高度负责的有心人，才能有这样的作为，也才能创造这样的业绩。像这样庞大又复杂的系统工程，在建造中稍有瑕疵，就将是前功尽弃的，所造成的损失也将是巨大的。我国的航天事业的快速发展就得益于有这样一大批兢兢业业，尽心尽责的高素质的工程技术人员。他们在工作中，总是坚持"不怕一万，只怕万一"的精神，精雕细刻，精益求精，反复实验，做到万无一失后才放心与放手。

上述两个案例虽有小有大，但有一个共同的特点，就是有心才能有为，有心才能大有作为。

所以，我们要感恩也好，要努力实现自己的人生价值也好。一定要做个有心人。

学习上的有心，就是要用心。我们在一生的学习中都要坚持用心去学，用心思考。不用心的学习，只能是做样子，是一点好处都没有的。要坚持读好书，就要用心刻苦去钻研，才能做到有所收获，有所进步的。对工作才有推进作用。我们要有所为也才有可靠的知识、智力、能力的保障。

工作上的有心，我们就必须坚持精益求精，兢兢业业。不推诿，不图轻松，不使懒。这样才能做细功，出细活。因为，人品决定物品。只有高尚的人品才能生产出优质的产品。所以工作上的有心是非常重要的。一个人，如果在工作上像只无头苍蝇一样东闯西蹿，一定是没有什么作为的。因此，对待工作我们要像对待我们的眼睛那样，精心爱护，细心保护。一定要把粗心大意、心不在焉等坏毛病清除得干干净净，决不留一点痕迹。这样我们在工作中就不会发生特别大的失误了，作为也就随之而来。

生活上，我们也要做个有心人。要坚持穿戴讲究整齐干净，饮食讲究卫生安全，营养平衡，而这营养平衡是保证人们身体健康的重要前提。如果我们没有健康的身体怎么能够有作为呢？一天到晚病恹恹的还会成为家庭的负担，还会增加国家负担。所以身体健康是非常重要的，若无心修养身心，我们就没有了干事业的本钱，要有所作为的梦想也将化为乌有。

总之生活上做个有心人，就能比较严谨地对待生活。在待人处事上都是有板有眼的，就一定会有很好的人际关系，这对推动工作也是大有裨益的。

我喜欢这样一副对联：

"有心人，克勤克俭，百业兴旺；

无志者，丢三落四，一事无成。

横批：有心则有为。"

# 二十七　实在与实绩

一天，有朋友来我家玩，并要我给他写"天道酬勤"这四个字。于是，我也就不怕出丑地在一张四尺宣纸上写了这四个大字。后觉得意犹未尽，又在这四个字的下面写了一段小字："若既具有鹰击长空的勇气，又具有鱼翔浅底的毅力，再加上实实在在地去奋斗的精神，必然硕果累累。"朋友看了，连声说："要得，蛮好。"这事呢，就此止笔。

而提起"天道酬勤"这几个字，这是大家都公认的道理，其含义不解释也都比较明了。但怎么样一个"勤"法，才能得到"丰酬"呢？这就需要我们好好地去研究了。尤其是在市场经济环境下，在知识经济与信息化时代，更加值得我们好好去思考。

所谓"天道"者也，其实就是科学发展规律。如果我们不遵循科学规律，不是实实在在地去"勤"，也许会是竹篮打水一场空，是劳而无功的，或者还会血本无归，甚至还要遭受法律的惩罚。

因此，我们要取得好的实绩，一定要实实在在去"勤"。不论做什么一定要有"说实话，办实事"的精神和原则。客观规律是容不得弄虚作假的；客观规律也不是玩魔术，是不可遮人耳目的。

如农民种庄稼，必须是"水、肥、土、种、密、保、工、管"八个方面都要到场，都要下功夫的。一方面不到位，这"天道"就不会"酬勤"了。

又如办企业，没有扎扎实实的技术和良好的管理（包括人、财、物，产、供、销），没有扎扎实实地收集、利用信息的本事，与及时地提高优质服务的经营理念等，你就是再勤，也是得不到百年金牌老店的实绩的。所以企业仅是空喊口号，或靠打虚假广告是得不到预期的实绩的。因为消费者青睐的不是我们铺天盖地的广告宣传，更不是惊天动地的口号，他们青睐的是我们提供的优质产品。能够使他们感受到用得（或吃得、穿得）舒服、放心、安全，我们的产品才会有"酒香不怕巷子深"的口碑。因此，这"勤"的回报也必将是预料之中的事了。否则，一切都是奢谈。我们要追求实绩，只有实实在在地真抓实干，才是靠得住的勤办法。

所谓实在呢，就是扎实、地道的意思。我们的勤劳就是要建立在实实在在谋事业、地地道道地为消费者服务的基础上。有了这个牢固的思想基础，我们就会有良好的职业道德，就会有对"黄、赌、毒"这类危害社会、危害人民的丑恶之行毫不犹豫地去抵制的自觉；就有绝不留情地去反对"假、冒、伪、劣"的决心和勇气。我们唯一保持的就是勤劳朴实地去为正宗产品去艰苦奋斗的劲头，那么，这实绩也一定会是年年看好的。

诚然，天上不会掉馅饼。我们只有实实在在地勤奋——即不投机取巧，也不去掺杂使假，并且不误商机等这样的"勤"，最佳的实绩也就会接踵而来的。

行文至此，使我想起了毛主席曾经在1959年4月29日写给省、地、县、社（即如今的乡）队（村）、小队（组）6级干部看的《党内通讯》中的话来。毛主席在信中说："老实人，敢讲真话的人，归根结底，于人民事业有利，于自己也不吃亏。"毛主席的这一教导是多么的中肯啊，也非常切中时弊。到如今，对于要真心真意地去实现"天道酬勤"的我们，也具有重要的指导意义。既然我们都是为了人民的事业，消费者的合法利益在劳作，我们就一定要假话不说，虚假信息不传，牛头不对马嘴的广告不打，我们就实在了，我们所期待的实绩也一定会如期而至的。有了这样的良性循环，我们的生意会越来越好，效益呢，也会越来越令人满意。这实绩不就真正出来了吗？

所以，我们要得到"天道酬勤"的真谛，全靠我们去兢兢业业奋斗，去扎扎实实劳动，坚持淡泊名利，坚持宁静致远，坚持见贤思齐，行稳至远，我们就一定是干一行，行一行；就一定是一行行，行行都行的了。

因此，我赞成这样的理念：唯有实在，才有实绩；坚持实在，事业不衰！

# 二十八 德与才

说到德与才，这是我们人生中不可或缺的重要问题。先听我说个故事，以加深对此的认识。

孔子有天准备外出，天要下雨。可是他没有伞，有人建议他向有伞的学生子夏借。孔子一听就说："不可以。子夏这个人比较吝啬，我借的话，他不给我，别人会说他不尊重老师；他借给我吧，他肯定心疼。"在孔子看来，和人交往要知道别人的短处和长处，不要用别人的短处来考验。否则，友谊就不会长久，和谐气氛就不能巩固。

我们从孔子的这一言行中，不仅可以看出其品德之高；还可以看出其为人处世能力之强。

我国优秀传统文化是比较重视修身养性的，对一个人的品德与才能的要求都是比较高的。先贤们认为，"德才兼备是上品，有德无才是中品，无德有才是下品"。还认为："才者德之资也，德者才之帅也。"如明朝的开国皇帝朱元璋在选人、用人方面就非常重视这一点。他把人才分为三类："德才兼备者上也，德高才疏者中也，才高德差者下也。"可见其对德才兼备的要求是很明确的。

深知"正确路线确定之后，干部就是决定的因素"的毛主席，他生前在加强组织人事工作时，在加强干部队伍建设中，特别重视德才兼备的干部路线与用人原则。从新中国成立前的革命时期开始，他就坚持德才兼备原则，以此从严治党、治军。1937年10月5日晚，在延安发生了黄克功逼婚不成而枪杀女友刘茜的刑事犯罪案件。毛主席毫不留情地挥泪斩马谡，要求延安法院给黄克功以极刑。为此，还亲自给时任法院院长的雷经天同志写信。因为黄克功曾经是个有功之臣，很多人为他求情，连毛主席的夫人贺子珍也出面了。可是毛主席坚持予以严惩。这样就以法律的威严让我们的共产党人、革命军人从血的教训中懂得必须有高尚的品德才能安身立命。建国初期对贪污腐败分子刘青山、张子善的处决，也同样体现了毛主席从严治党的决心和态度。某种意义上讲也体现了对干部队伍建设在德的方面从严治理的原则。

我们所倡导的"才"呢，就是对才能的基本要求。也就是说我们的干部必须要有知识、有才能、有才干，会干事、能干事。改革开放以后到中国特色社会主义进入新时代以来，党和国家大力实施人才强国战略，要求建设起宏大的德才兼备的各类人才队伍。比如党中央提出的干部队伍必须是"革命化、知识化、专业化、年轻化"。这"四化"里也就包括了德才兼备的基本要求。

因此，对德才两个方面的要求，后来一直成为我们国家引进、培养、开发及使用人才的基本原则。

因为，有了德，就有了统帅，就不会走偏方向；有了才，就有了发挥作用的资本。这样为国家、为民族做出最大的贡献就不会是一句空话了。

在人力资源开发中，有个二元目标公式，也可以说是人力资源开发的最基本的规律。即 $X \times Y = Z$，$X$ 表示活力（肯干），$Y$ 表示能力（能干），$Z$ 表示绩效。也就是说一个人既肯干又能干，这绩效就一定是非常看好的。这公式中若一项为0，那绩效一定是0。

因此，我们一方面必须重视德的培养与提高，以增加人才的活力。因为，德者，才之帅也。一个人，为什么肯干？因为就是德好。体现在，他们有坚定的信念，正确的政治方向，有为国家、民族无私奉献的精神，在他们看来，奋斗就是天职，奋斗就是使命。所以工作中从来不讲价钱，不怕艰难困苦，有鞠躬尽瘁死而后已的精神自觉。如焦裕禄、杨善洲、谷文昌、雷锋、王进喜、张秉贵等同志，都是具有高尚品德的杰出人才。所以，其活力是自觉自愿的，也才能做到"生命不息，战斗不止"。因此，这个德是千万不可缺失的。

才者，德之资也，是体现德的资本，是能干的表现。才又怎么来呢？来自人力资源的强力开发。所以，一方面，我们必须重视人们的能力建设。因为要过河，就必须有桥或船。想过河，却没有能力架桥造船，也就只能是空想。

一个人如果有良好的愿望，要为国家作贡献，可是一无知识，二无技术；或肩不能挑，手不能提，口不会说，更不会写与算，文武不全的人只是饭桶一个了，那又何来能干呢？所以，加强人力资源能力（包括体能、技能、智能）建设也就成为人力资源开发中的又一重头戏。一个人，如果活力强劲，能力出众，那他的作为一定是非常之大的。

加强人力资源能力建设，除了个人要自觉自愿地学习外；对于我们组织来说，就是要加大培训力度，加大培训的投入（包括人力、物力、财力），并且要坚持理论联系实际的原则。需要什么就培训什么，缺乏什么就补充什么。扎扎实实地反复实践，持之以恒，必有效果。要鼓励与奖励那些学习好、能力强、贡献大的人才。作为个人来说就要有学习上的紧迫感，知识上的危机感。自我加压，学习知识、提升能力的劲头就会长盛不衰。

德才兼备的人才队伍能够不断壮大，国家的事业就一定兴旺发达。实现中国梦也就指日可待了。

这正是：

德才兼备两相依，

振兴中华给大力。

天生我才必有用，

文武双全争朝夕。

# 二十九　赢与输

　　1949年10月1日，当我们伟大领袖毛主席在天安门城楼上向全国、全世界庄严地宣布"中华人民共和国中央人民政府成立了"时，不仅在天安门广场上集会的人民群众欢呼雀跃，全中国人民也无不为之欢欣鼓舞，甚至，连全世界的华人或华裔也无不兴高采烈的。这是中国人民在毛主席和中国共产党领导下的中华民族优秀儿女经过艰苦卓绝，前赴后继，流汗流血，甚至是付出重大牺牲后赢得的历史性的伟大胜利，也是洗刷百年耻辱的历史性的胜利。新中国成立时，笔者也仅三岁多，但那时听大人们跟着中国人民解放军叔叔或南下干部手舞足蹈地唱《东方红》《解放区的天是明朗的天》《没有共产党就没有新中国》等革命歌曲的喜悦盛况至今还记忆犹新。人民的欢欣鼓舞是因为赢得了从此站起来了的历史机遇，从此可以翻身做主人了。所以，这是国家之赢，是人民之赢。怎么能不兴高采烈呢！

　　当新中国成立之初，我们国家接着又取得了抗美援朝的伟大胜利，这又是我们国家在非常困难时期，克服种种难以预想的艰难困苦之赢。看到以美国为首的联合国军狼狈投降的镜头，国人是多么的扬眉吐气啊！

　　当1971年10月25日，在联合国第26届会议上，以76票赞成，35票反对，17票弃权的压倒性多数通过了联合国大会第2758号，即《恢复中华人民共和国在联合国组织中的合法权利问题的决议》时，全场立即响起了热烈的掌声和欢呼声。只见出席会议、时任我国外交部部长的乔冠华情不自禁地仰天大笑。那镜头从新闻联播中播出，让我国人民都感到无比的自豪与骄傲。这是我国世纪性的外交领域的大赢。因此"乔老爷"（人们对乔冠华的昵称）之开怀大笑就永远定格在人们的记忆中了。因为，这世界性的大赢是史无前例的、是令人振奋的大赢，人们怎么能够忘却呢！

　　当20世纪80年代，中国女排这支具有光荣历史的优秀队伍创造出"五连冠"（即1982年和1985年世界杯冠军，1982年、1986年世界锦标赛冠军，

1984年奥运会冠军）的佳绩时，当一次次地升起五星红旗之际，国人乃至全世界的华人华裔都无不为之高兴，无不为之热烈祝贺。时过30多年了，人们还不时地回忆这一幕幕的胜利情景。因为，这是曾经被帝国主义污蔑为"东亚病夫"的人民的胜利。是包括体育事业在内的各项事业大发展之赢，又怎么不令人欢欣鼓舞呢！

当家长在收到孩子们被学校录取的通知书时，一个个都是笑得合不拢嘴的样子。那是多么的赏心悦目啊！因为这是孩子成长之赢，是家长、老师辛苦付出之赢，当然就非常高兴了。

而在1900年5月28日，以当时的大英帝国、美利坚合众国、法兰西第三共和国、德意志帝国、俄罗斯帝国、日本帝国、意大利王国、奥匈帝国为首的五万之众，装备精良、声势浩大的八国联军长驱直入北京城后，到1900年8月14日，全城沦陷。八国联军所到之处，杀人放火，奸淫抢掠无所不为、无恶不作……连八国联军总司令瓦德西在后来也不得不承认："所有中国此次所受毁及抢劫之损失其详数将永远不能查出，但为数必极大无疑。"这是国家历史性之大输，是国人不堪回首之大输，也是没有觉醒的睡狮给我们留下的悲惨之输、深仇大恨之输。同时，也为我们提供了"落后必然挨打"的最好的反面教材。这个血的"国家级"的惨痛教训是值得我们永远铭记的！

从国家到个人，赢的喜悦不胜枚举；输的悲惨，教训深刻。鉴于本文篇幅有限，就不一一列举了。

我们要思考的是：怎么样才能够赢？而不至于输；在什么情况下我们一定赢，不能输？在什么情况下我们不一定要赢，而且还可以输？下面，笔者对此谈一点肤浅认识。

所谓赢，是跟输相对而言的。这个"赢"字呢，从字面上看，它是由亡、口、月、贝、凡这五个可以独立的字组成的一个笔画比较多的字，仅从这个字的创造，就可以想到古人造字的聪明与寓意的深刻。我们只要细细体会，也可以看出，一点赢的"秘诀"来的。

"亡"者，意味着，我们要想赢，必须具有拼搏精神，有一股不怕苦不怕死的奋斗的气概。这就表明赢是要有一种精神状态的，懒懒散散是无法赢的。当然，除了见义勇为、抗洪抢险、抗震救灾不可避免的牺牲外，我们决不可倡导无谓的牺牲。平时还必须劳逸结合，爱护自己赢的本钱。

"口"字在这里可以从两个方面来认识。一方面是指我们要赢，必须有好的口碑，讲信誉。一方面呢，是说我们要有一定的口头表达能力。如同做产品推销，要能够把产品的用途、质量、售后服务说得真真切切、明明白白，人家就会信赖我们，生意就会兴隆，财源必然广进，我们在竞争中不就赢了吗？

"月"字，一方面可以当骨肉旁来理解，其含义可以引申为要有一个好的身体，你才有本钱来拼搏；一方面，是指我们做任何事情都必须有日升月恒的毅力，久久为功就是这个道理。毛主席在抗日战争时期的《论持久战》就是要求我们有毅力、有恒心，如愚公移山那样，一定会赢得战争的胜利的。实践证明毛主席是多么的高瞻远瞩。

"贝"者，在古代就是用来交换的钱币。在今天，我们可以理解为资源。它告诉人们要赢，还得会利用资源。如学生学习，其资源是各方各面的，要赢得学习的主动权，就必须利用好老师、教材、电脑、图书、时间、环境及同学间的帮助等资源。就会如毛主席曾经教导的那样"好好学习，天天向上"了。这样的学生就一定是赢家——品学兼优，老师满意，家长放心。

"凡"，就是要能够见微知著地把平凡的小事认认真真地做好、做到位。一定要克服大事做不来，小事又不愿意做的毛病。因为细节决定成败，而输赢就在成败之间。这世界上往往因为小事没有做好而影响全局的现象比比皆是。比如，对于泰坦尼克号巨轮上锁望远镜的那锁的钥匙和泰坦尼克号比，不是区区小事了吗？可是离了它就造成了一千多人死亡的世纪性的惨剧，成为千古之遗憾。所以小事也是不能小看的。

如果我们能够从上述五个方面去系统地下功夫，我们做什么事情，干什么事业，我想都会有赢的希望。我们应该感谢古人对我们的启发和指导。

由此及彼，国家之赢，要举国之力。而天下兴亡匹夫有责，我们必须坚持人人发力。团队之赢，要举团队之力。所以，我们人人应该尽职尽责，决不做团队中的"短板"。

个人之赢，必须是"五者"齐下，锲而不舍。如被中国围棋协会在1982年授予九段围棋手和1988年被授予"棋圣"称号的聂卫平先生，他赢得了无数次的围棋竞赛，也为中国围棋事业的发展做出了很大的贡献。其赢的经验就是下苦功夫苦练，在围棋技术上不断精进。这是一种拼搏精神，非常值得我们学习。

我们在什么情况下必须赢呢？一是在你死我活的对敌斗争中必须赢，否则，就会丢失政权。还有保家卫国的战争中必须赢，必须是万无一失的，否则就会丢失江山。二是国际性竞赛活动或体育运动也要务求赢，以为国争光，振奋国人精神。三是事业上，我们也要争取赢。保持这样一种精神状态，有利于工作时争取主动权，才能有把工作做好的良好思想基础。

在什么情况下可以不赢，甚至还可以输呢？

一是和家人，特别是夫人或丈夫有时产生了一些不同意见，并且也不是非常重大的原则问题时，这时我们任何一方都可以不要去争输赢。因为，在家里，是讲情的地方；只有法院，那才是辩理的场所。家里没有无原则的吵吵闹闹，就会增进感情，促进和睦。家和万事兴，我们也就赢了。

二是在业余时间与朋友打打扑克，麻将之类，也不一定要赢。因为这是为了消遣，输赢都无所谓的。如果只能赢，不能输。那就干脆一个人在家里待着，可能还少些烦恼。在这样的场合论输赢，有时会适得其反。因此，在这方面倒需要修身养性，以一颗平常心处之，方可坦然。也才有利于身体健康。

总之，这输赢的问题，需要我们研究和探讨的内涵十分丰富。一篇小文章、一点个人的看法是难以概全的。只是希望我们国家赢得富强伟大，个人赢得人寿年丰。对于个人来说，有时即使在事业上有所输，也是正常现象，世界上没有常胜将军。只要输了不气馁，还可以重整山河，奋斗一番，去争取再赢。

# 三十　绣花与开花

　　怀着对党无比热爱的心情，笔者从1965年进入大学一年级开始就写了入党申请书，由于各种各样的主客观原因，一直未获党组织批准。对此，我毫不灰心地继续努力着。1972年3月初被分配到湖南省化工物资公司工作后，我又向我所属的办公室党支部提交了入党申请。

　　一天，我们办公室党支部书记，同时也是任办公室主任的涂永阜同志找我谈话。他说："小黄，你写的入党申请书党支部的同志都看了，要我跟你谈谈。"我连忙说："谢谢党支部的关心。"涂主任呢，曾经当过副省长秘书，有一定的理论水平；同时，也是个实在人。他说："我也不转弯抹角地啰唆了，咱们两个就实打实地交流思想吧！"我连忙点头表示赞同与感谢。于是，他就直奔主题地对我说："小黄，我要向你指出的是，你的入党动机还不够端正。"我听了一惊，心里琢磨："这还能批准我入党吗？"但我也只听他说，不敢多说话。接着他又说道："你在申请书里写了'我觉得自己离一个共产党员的条件还有一定的差距，好比麻布袋子绣花——底子太差'的话，这就不对了。入党可不是绣花，不是图名誉，更不是做一朵好看的鲜花啊！所以，党支部要求你好好学习党章，要进一步地端正入党动机，只有好好学习，努力工作，全心全意地为人民服务，真正从思想上入党，才能成为一个合格的共产党员。"我听了涂主任这席话，一时脸上火辣辣的。虽然，他对我那个比喻的理解有点令我接受不了，但我觉得他的这席话还是非常中肯的，是对我的真心真意的帮助。于是，我也不辩解，只是向他表示："一定努力地去端正入党动机，争取早日从思想上入党。"就这样，党组织对我的第一次言简意赅的谈话给我的印象特别深刻，教育帮助也特别大。

　　在后来的学习中，我学习了毛主席的"共产党人好比是种子，人民好比土地，我们到了一个地方，就要同那里的人民结合起来，在人民群众中间生根开花"这段话后，顿时大有茅塞顿开的感觉。是的，共产党员要成为能够在人民群众这土壤上生根开花的"种子"。入党也不是绣花那样图好看，更不是图个人名利地位的，更不是为了升官发财。因此，我就下决心朝着毛主席指引的方向去努力，去下功夫。

由于，我原来是学园艺的，到这个化工物资公司工作专业就不对口了，当时公司安排我的工作也就是在办公室当干事。我觉得自己要在人民群众中生根开花，就必须放下大学生的架子（当时一个五六十人的公司仅仅两个本科生）与公司同事们打成一片。于是，我只要有空就到食堂帮忙，搞卫生，清理下水沟，出墙报、黑板报，写宣传标语等分内分外的事都乐意做。后来办公室安排我搞基建，修职工宿舍，我也事无巨细地去干。如跟车运送材料，卸车，搬砖头，清早起来开抽水机抽地下水，保证正常施工等脏活重活我都是毫不畏惧、认认真真地去干。就这样自觉地发挥自己这颗"种子"的作用。我的所作所为，立即得到公司员工的好评。食堂里的宾大姐见我有时因为工作原因不能按时就餐，她就帮我把饭菜热在灶上，让我回公司有热的饭菜吃。公司吴经理家属见我来不及吃早餐就到工地忙开了，她有时还煮了面条、荷包蛋送到工地上来给我作早餐……每遇到这种情况，我都非常感动，所以工作起来劲头就更足了。

到1973年3月17日晚上，我们办公室党支部召开党支部大会，根据我的表现讨论我加入党组织的问题，同志们肯定我的优点也指出了我的缺点后，通过举手表决，一致同意我加入党组织。我终于成了人民的一颗"种子"。在感到非常高兴的同时，也觉得我身上的责任更加重大了。

我想，既然中国共产党是负有最终实现共产主义大任的先锋队组织，作为一个党员同志就应该发挥种子作用，在人民群众中进行生根，开花，结果，再生根，开花，结果的无限循环。所以入党后我更加严格要求自己，工作注意求真务实。后来公司根据我的表现和工作需要将我调整到政工科工作。我工作岗位变了，又在新的工作岗位上忙开了。特别是粉碎"四人帮"后，政治工科的工作比较多，加班加点成为常态，即使加班加点也没有加班费的补偿，我也从不计较。

1975年11月份，当我小孩子才一岁多，家属在工厂上班，需"三班倒"的情况下，公司决定抽调我参加省委工作队去嘉禾县塘村人民公社平田大队开展"农业学大寨"运动。我二话没说，立即克服家里的困难积极前往。在这"农业学大寨"的一年多时间里，我把"种子精神"带到乡下，坚持和农民群众打成一片，天天参加生产劳动。帮助困难群众解决生活上的困难问题，工作中注意听取农民兄弟的意见。农民兄弟对我的作为也是非常满意的，因此，对我的工作非常支持。由于我入党后的努力学习和不断进取，我先后多次被评为公司和系统的先进个人，多次受到组织奖励。1979年被提拔为政工科副科长，1981年5月还被原来的省物资局推荐到原湖南省人事局工作。那时省物资系统有五大公司和十几个仓库，员工上万，我能被推荐出来，也是组织对我的充分肯定。

到了新的单位，从事新的工作后。我仍然以"种子精神"严格要求自己，发奋学习新的业务知识，努力工作，也多次被评为先进工作者。工作职务也得以逐年发生变化，由正科、副处、正处直到副厅长退休。这期间工作担子的不断加重，我工作更加不敢懈怠。能够自觉地开动机器，一路前行。

我认为，因为是种子，就必须生根开花结果。搞不中用的形式主义只能害人害己。必须像绣花那样细心、细致地去工作。所以，我工作几十年也就没有发生过任何工作失误。

共产党员要像种子那样生根开花结果，就必须紧密联系群众，必须老老实实服务人民群众。记得有一次我到永顺开展农村人才资源开发问题的调查研究，有个乡干部要求我们开展对农民进行现代农业技术的培训工作。我认真思考后，认为这事是大有作为的。于是我借助扶贫的资源，在厅党组的支持和省财政厅、省扶贫办的配合下，办起了贫困地区现代农业技术培训班，农民兄弟反映非常好。这种以扶智为主，也推动志气上升的扶贫方式也深得国家有关部门的肯定，后来，我又在省扶贫办的协同下组织了为贫困地区搭建科技平台的活动，也取得了不错的效果。

我体会到当一颗合格的"种子"，工作中一定不能搞中看不中用的那一套形式主义的东西，也不能仅停留在绣花式的表面上。要多接地气，要多听取人民群众的意见。因为这"土地"的营养最丰富，我们的生根开花更离不开这"土地"的滋润。脱离人民群众的事情，不管你花绣得怎么样漂亮，仍然是不会被老百姓看好的，因为形式主义最害人，形式主义最没有含金量。凡是搞形式主义的"种子"，只会浪费，甚至会破坏"土地"，影响党在人民群众中的威信。这是必须杜绝的。因为我们是种子就应该有周而复始地发挥作用，创造效益的用途。否则，不仅效果自然好不了，而且还会挫伤人民群众的积极性与创造性。

我认为优秀的"种子"，就一定如县委书记的榜样——焦裕禄同志那样，在盐碱地里生根，为老百姓服务，奋斗不止，直到为此积劳成疾，47岁就奉献出了自己宝贵的生命也在所不辞。这样才有如今焦桐的郁郁葱葱，犹如共产党人的坚强身影。还要像云南省原保山地位书记杨善洲那样去开花。他1988年6月退休后，放弃在省城安享晚年的机会，来到家乡大亮山带领群众开荒植树造林。最后还将他亲自带领群众建成的3.6万亩，价值3亿元的林场无偿献给了国家。他就是这样，如同千千万万的优秀共产党员那样无私奉献了他的一生，因此，获得了"感动中国人物"的荣誉称号。

所以，我们要做好工作要如绣花那样细致与专心。同时，"种子精神"，从某个角度上讲也是要如绣花那样能够耐得住寂寞，守得住清贫的。这就是工作要坐得住、耐得烦、过得细、过得硬。这样的"种子"也才是人民群众喜闻乐见的。

今天，中国特色社会主义已经进入新时代，我们共产党人，要把"两个一百年"的奋斗目标当作匹夫之责，把圆中国梦当作天职来对待与重视。要更加出色地生根开花。因此，在我2006年3月经组织批准，退出了工作岗位后，仍然以"种子精神"去发挥余热。如写作（已经出版了《小故事里人才术》一书）、练习书法（书写了百米长卷五幅，其中有《山高水长总相依——书我国56个民族概况》《中流砥柱——书中国共产党历届中央委员名录》等展出后，社会反响好），还积极参与社区的公益活动：或讲微党课，或进行青少年辅导工作，或参与送文化到基层活动。同时还继续认真学习科学理论，自觉坚持"四个自信"，不让种子发霉，不让种子起虫，更不让种子坏掉，这成了我的自觉行动。因此，也得到了单位及社区的认可。在我退休后还先后给予我省、厅、区、街道等级别的一些荣誉。

# 三十一　难与易

这天，用来晒衣服的竹竿，突然气呼呼地对竹制的笛子说："兄弟，我们是一个爹娘生的，你凭什么可以跟着乐队的人潇潇洒洒地跑遍祖国的大江南北，还随时可以漂洋过海呢？"笛子听了一笑，就立马回答竹竿说："我吃苦的时候你可没看见啊。我从山上被砍下来后，经过乐器师傅的精心打磨，钻洞等一系列工序，弄得我遍体鳞伤，九死一生，才成为笛子，才有那优美动听的旋律被吹出来的。你不知道，我当时是多么痛苦！我这是先苦后甜啊。"晒衣竿听后，便不好意思再跟笛子生气了。只好自下台阶地说："我是命不好，所以也就只有晒太阳的份了。"

以上，虽然是一个寓言，但其寓意是比较深刻的。同样是竹子，为什么有这样大的差别呢？因为经过精心加工的竹子成了笛子，其身价就高了一筹——成为乐队不可或缺的乐器之一；而仅仅是粗加工的竹子，也还依旧是随处可见的竹棍而已，没有质的变化。这样就出现了其地位不同，作用也就不一样，收获也就更加不一样的差别了。此事提示我们：不经磨炼，哪能有过硬的本事；没有质的变化，哪来华丽的转身呢？

物犹如此，人何以堪？

人生路漫漫，每个人经历的难易之事也是一言难尽的。时常是各有各的难处，也各有各的易处的。

而要使我们的人生更加有价值，必须具有克服困难的勇气和毅力，必须具有化解难题的能力与才干。同时，也必须懂得，难和易是相对的。功夫不负有心人。有些困难或难事，通过我们努力，往往难事就变为易事了。这样的情况是不胜枚举的。所以，好事多磨的道理也是如此。

以我自己练习书法为例吧。1972年我刚参加工作时，根据当时长沙市北区（现在的开福区）下达的任务，要求我们单位承担书写制作巨幅横幅的任务，或用来庆祝我国的各种节日，或迎接外国政要来长沙参观访问等。而这个不大不小的任务当时就落在我这大学生身上了。而我呢，平时是不怎么会写美术字体的大字的。于是，我就只好请我们单位一个会写美术字的工人同志来写。可请他写一回两回还可以，时间长了，他就不同意帮忙了。后来，我就来了个"自力更生"，下班后，把自己关在房间里反复练习写美术字，通过一两个月的坚持练习，终于也可以出手了，这样就用不着去求人了。

这由"不会"到"会"的过程，让我也从此爱上了书法练习了。到如今，经过30多年来的实践，从前认为比较难写的毛笔字，我已经熟能生巧了。并且还乐此不疲地给别人写过不少春联，赠送给别人不少书法作品了。有了这样的爱好，写得再累也是其乐无穷的。

经过这件事，我加深了对这个口号的理解——"只要思想不滑坡，办法总比困难多"。

还比如，我们经常用一句口头禅来勉励自己："苦不苦，想想红军二万五。"是的，没有红军"万水千山只等闲"的吃苦耐劳精神，没有红军前赴后继、大无畏的牺牲精神，就很难建设起我们铜墙铁壁似的中国人民解放军，也就不会有我们今天这样美好的生活。

因此，害怕困难、贪图享受、怕吃苦的懒汉，生怕丢了性命而贪生怕死的懦夫等，是既做不了小事，也无以成就大业的。我们要把难事变成易事，战胜困难，成就事业，唯一的办法就是奋斗不止，不屈不挠地顽强拼搏。

同时，这难与易，是相对而言的。我们在难事面前能够下功夫，难事往往就转化为易事了。

以中国科学院兰州沙漠研究所沙坡头沙漠试验站为例，这个站在沙坡头走过了60多年的艰苦历程。那里自然环境恶劣，生活工作条件十分艰苦。要开展艰苦的科研工作实属不易：研究方法不容易摸索，治沙规律不容易掌握，技术力量的组织，科研能力的培养以及在恶劣的野外科研都是非常不容易的。冬天，白雪皑皑，滴水成冰；夏日，烈日炎炎，蛋落沙中不一会就熟了。可见，在沙漠里开展科研是多么的艰辛啊。但该站自建站以来，科研人员长期坚守在第一线，每年在野外的工作的时间一般都在4个月以上，有的甚至是8个月以上。他们以一代接着一代干的连续作战的劲头，以奉献、敬业、求实、创新的精神，以团结协作，不怕困难，舍小家为大家的抱负，形成了"多做贡献、多出成果，勤奋好学、求实创新"的好站风。所以他们创造的丰硕成果震惊中外。他们的无私付出改变了所在地中卫市沙坡头区的落后面貌，使该县经济有了长足的进步。前全国人大副委员长王丙乾曾经亲自到站考察，欣然给该站题词："锁住沙龙，绿化大地。"联合国防治沙漠化中心副主任蒂尔·丹尼霍夫到该站考察后，夸赞地说："这不仅是世界一流的，也是第一位的研究站。"

我们可以设想，这个站的工作人员在茫茫沙海中开展科研工作，其困难一定是难以预料的。可是他们以崇高的理想，务实的作风，顽强拼搏的精神战胜了困难，创造了奇迹。因此，在他们身上没有"懦夫见困难撒腿就跑的"的弱点，他们有的总是"只要能够得到圆满的结果，何必顾虑眼前的挫折"的毅力和勇气。因此他们也才能成为一个很棒的团队，这是多么的不容易啊。而在这个勇敢的团队面前，难事也就变成"易事"了——寸草不生的地方成为郁郁葱葱的绿洲，这"易事"也就让老百姓大大地受益了。

我认为，要做到：在困难面前决不腿软，难事阻挡决不低头，一定要有坚强的信念，顽强的意志，勇敢的精神，过硬的功夫。许多难事化为易事就在于人们非同小可的勇气、毅力与能力。

一个人如果真正懂得了"大树都是由一株株的幼苗长成的，雄狮都有它的柔弱如猫的幼稚时代，出类拔萃的东西原也是在平凡的基础上成长起来的"（摘自秦牧《象和蚁的童话》）这一道理，就一定能够自觉地坚持奋斗不止。有了如此好的心境，赶走的必将是懦夫，胜利也就永远属于我们不害怕困难，不拒绝难事的人们了！

# 三十二　不会与会

1981年我调入原湖南省人事局工作后，被安排在专业技术干部处上班。一天，我处为了工作问题，要我写一份签呈报局领导阅示，如获批准，我们便可以开展工作。这对于我来说，可是"大姑娘坐轿——头一回"。但也许是初生牛犊不怕虎吧，稍微考虑就写好了，当我拿到处长那里签发报局领导时，处长发现我将落款中"当否？请阅示"的"示"字写成视力的"视"了，他立即对我说："'示'与'视'音是相同的，可其意义就大不一样了。在此类'上行文'中一定要用'阅示'，不能用'阅视'啊。因为签呈就是请示，领导对我们下级的请示是要做指示的，岂能只是'阅视'一下呢？"他这席话，让我听了豁然开朗。原来这是公文写作的基本知识。如果不会写作，不仅会闹出笑话来，而且还会影响上下级关系，影响工作的正常开展。

这件事也暴露出我在机关工作中经验不足，知识面不宽的弱点，给我敲了一记必须发狠学习的警钟。

在我们人生中"不会"的东西是多方面的，我们也不可能成为样样会的"全才"。但为了适应工作与生活的要求，必须学会我不懂的知识和不会做的事，才能与时俱进地在持家兴业上有所作为，也才能为国家事业奉献出微薄之力。

因此，这写签呈把字弄错的事发生后，激励了我必须加强理论学习，必须加强公文写作与业务知识学习的决心。后来我被调到湖南省劳动人事厅的保险福利处工作。这个处是负责机关事业单位工作人员与企业员工的生、老、病、死、伤、残等保险福利方面的业务工作的。牵涉广大干部、工人的切身利益，甚至还事关社会的稳定。因此，其政治性、政策的连续性都是比较强的，法规方面的文件非常多。有的还是内行讲不清，外行看不懂。于是，我便沉下心来仔细阅读文件，摸索规律，将有关标准以表格形式归纳出来，这样，让外行也能一目了然。学习实践一年后，我就可以去大型企业办的劳动保险培训班讲业务课了。还承担了《劳动人事编制教程》一书中的保险福利一章的编写。

特别是后来到厅办公室工作后，我将《办公室手册》《行政协调》等书认真学习，并注意结合工作实际，不断改进办公室的服务工作。在公文写作上也能严格按照国务院关于公文草拟、审核、签法、印制、收与发、保密的规范流程开展文秘、文书工作，以减少工作失误。后来，我还能够去省直机关和有关学校讲解《公文写作基本常识》，去湖南广播电视大学省直分校讲了《秘书学教程》的课程。这样原来不会的知识也就比较好地掌握了，也比较好地适应了工作要求。如，应该用"平行文"的，有的同志弄不清文种，喜欢用"上行文"。或者生造文种，如用"请示报告"（这是两个不同文种，不可同时使用）去申请有关经费。遇到这种情况我就用国务院的文件来向这些同志解释，后来大家也就熟悉了文种的使用。

我觉得，我们不是"全能手"，但应该掌握的业务知识也是要学会的。荀子的"不知就问，不能就学"是说得非常有道理的。

还比如，平时有的同志强调不会做饭菜，所以成家后，要不是男的要女的做，要不就是女的要男的做。我则认为，这有什么好推诿的呢？两个人一起做，一起学也是很快就可以学会的。记得我第一次请我夫人的舅舅来家里吃饭，他说你做的菜不好吃。于是，我就去书店买来烹饪的书，看书上怎么介绍的。然后又到食堂观察，看师傅怎么炒菜的……就这样自己摸索练习了两三年，家里来客人时我也能应付了。后来我夫人的舅舅还喜欢吃我做的菜了。

在我看来，一些日常生活需要的实用技能一定要掌握。决不能以"我不晓得做"为借口、作盾牌而放弃学习，把应该做的事推给妻子或丈夫一个人去做。如果这样，对家庭和睦也会有害的。

一个人只要勤快，一般的家务事是可以学会的。因为勤能补拙，熟能生巧。很多人能干不是与生俱来的，而是在学习实践中锻炼出来的。

这世间上怕就怕一个懒字，懒可生百病。平时，就是学会了的技能，一懒也会丢失，如书法、乐器等，不天天练习，很快就生疏。所以才有"拳不离手，曲不离口"的说法，这是蛮有道理的。

总之，为了生活，为了工作，我们应该多学会一点本事与技能，应该让"不会"更加少一些。虽然不能行行精通，至少也不至于因为"不会"而影响正常的生活与工作，影响我们的进步，影响我们家庭的和谐。

# 三十三　消费与浪费

消费与浪费是我们人生经常要遇到的两个问题。在旧社会或短缺经济时期吃过苦的人们，除自己非常注意消费的节俭外，对年轻人的浪费现象也是十分反感的。因此，在的人生中也是要对这两个问题好好进行琢磨的。

所谓消费，一般是指："为了生产或生活需要而消耗物质财富，或接受有偿服务。"

顾名思义，这消费，一是为了发展生产，必须要耗费物质或资金或人力（有偿服务是需要报酬的），如冶炼钢材，就必须耗费铁矿石等原材料，必须要消耗能源。工人的薪金与奖金等。二是我们讲消费，是指人们在日常生活中的吃、喝、拉、撒、睡、食、住、穿、行、旅游、娱乐，甚至美容等，必须消费粮食、资金和相关的物质财富。并且随着我国现代化的进程，国家日益强大，人民的财富也是不断增加，生活水平，生活质量也朝着更好、更高的方向发展。这些消费的不断升级换档都是必然的，也是非常重要的。特别是全面小康是建立在人们身体健康的基础上的。倘若没有身体健康，全面小康就没有丝毫意义了。所以在各种各样的生活消费中，保证人们的身体健康应该是国策之首选，个人之第一要务。所以，诸如这类消费必须科学安排，切实保障。就个人来说，超前消费也不至于把饭菜钱都消费掉。民以食为天，我们饿着肚子能够去生产、去工作、去娱乐与旅游吗？当然是不行的。所以，就正当的消费来说，应该是首先保证食品的安全（这里重点指资金储备或食品也包括粮食的储备），因为，人们身体健康，生产力的提升才有可靠的保障，这基本的道理是众所周知的。

特别是中国特色社会主义建设进入新时代，我国社会的主要矛盾已经转化为人民日益增长的美好生活需要和不平衡不充分的发展之间的矛盾以后，我们必须重视消费问题，要积极地扩大内需，作为生产厂家来说，要积极创新，开发出人们所需要的衣、食、住、行、游玩、美（美容、美化）的最好、最新产品来，以满足人民生活更加美好的需要，不断地促进消费，促进社会发展。

当然，消费也是不能步入误区的。如，婚丧红白喜事中的大操大办；为了炫富的大讲排场；有了慢性病或是不可逆转的退行性病变，除了在医生指导下吃药治疗以外，被所谓"包治百病"的保健品所忽悠，甚至将积蓄都耗尽；还有如酗酒贪杯，打牌赌博，海吃胡喝等这样的"消费"都是百害而无一益的。还有攀比消费，有了一般的住房还要有别墅；有了国产小车还要进口高档车子……为此不惜负债累累，到头来被"消费"得不可收拾。凡此等等过度消费是决不可行的。在这方面，还是知足常乐为上。要深知"成由勤俭，败由奢"是不可违背的铁律。

浪费是什么呢？是指对人力财物、时间等用得不当或没有节制。所以，毛主席早在革命战争时期就警示我们："贪污和浪费是极大的犯罪。"

可见，浪费可不是个小问题。

我认为什么资源都是不能浪费的。

首先，人力资源不能浪费。常言道，"事在人为"。人力资源是生产力诸要素中最活跃、最宝贵的因素。浪费了人力资源就会降低生产或工作效率，直接影响生产或工作的效益。还要挫伤劳动者的积极性。全国总工会原副主席、哈尔滨市委副书记、鞍钢工会主席、中国共产党第十届全国代表大会代表、全国人大第一至第五届大会代表、全国劳动模范王崇伦同志，其革新的生产技术将一道工序由45分钟缩短到30分钟，最后缩短到19分钟，相当于最初效率的6至7倍，被人们誉为"走在时间前面的人"。在类似于这样的劳动模范看来，人力资源是绝对不可以浪费的，所以总是走在时间前面，他们对国家的贡献也就特别的大。

那么，时间呢，也是不可逆转的又一宝贵资源。因此，前人总是提醒我们，时不待我："明日复明日，明日何其多。我生待明日，万事成蹉跎。"毛主席则要求我们："一万年太久，只争朝夕。"这都是至理名言，是必须遵循的宝贵真理。

有人曾算过这样一笔数：如一个大学毕业生，23岁左右，随即参加工作，到60岁退休，他仅能工作37年。而除掉双休日及其他法定的节假日（还没有除掉他请事假或病假的时间），他一年只能工作252天，以他一天工作8小时来计算，一年工作共计2016个小时。满打满算他一生中也就只能工作74 592个小时。折合成年，也就约等于8.52年。我们想想，一个人一生中就工作这么一点点时间，我们还敢浪费工作时间吗？所以珍惜工作时间，忠于职守就成为我们必需的职业操守。

学习时间也非常宝贵，也是不容我们去浪费的。特别是我们在职的人们，学习时间更加精贵，除了组织安排，另外的学习时间要靠我们到工余时间去挤。如果浪费了学习时间就影响个人思想的进步，能力的提升，业绩的提高。我们还很有可能成为团队的"短板"。

所有的物资资源，也不要随意浪费。何况有些物资还是不可再生的，是需要我们更加节约的，更要十分珍惜的。浪费物质资源也等于浪费了人、财、物。比如现在人们去餐馆消费的"光盘行动"就是厉行节约的好举措。或者人们能把剩下来的食品打包拿回家也是好现象，这并不是吝啬，值得倡导。虽然，我们是花钱买的餐，但吃不完也不要浪费。不过要提醒人们的是，打包时必须用公筷，才不至于传染疾病，打包回去的食品才有卫生安全的保障。搞不好会弄巧成拙，适得其反。同时，我们形成这"粒粒皆辛苦"的爱惜粮食的好习惯，但再节约也不要去吃馊饭馊菜，否则闹出身体的毛病来，再吃药打针就可能带来了更大的浪费了，还可能影响我们的健康。

在穿的方面也应该厉行节约，过度购买服饰，留在家里压箱子也是没有必要的。

总之，全面小康社会后，生活条件再好，物质再丰富也不要糟蹋了才是对的。

"持家兴业唯勤俭，待人处世赖真诚。"

这对我们现代人正确处理消费与浪费的问题仍然是有非常积极的意义的。

# 三十四　同事与同志

在河北邯郸市的邯郸道有处巷子叫"回车巷"。因为老将军廉颇嫉妒蔺相如因完璧归赵立功而被封相，扬言要羞辱蔺相如。蔺相如得知廉颇的这个意图后，则以国家为重，主动回避廉颇，避免发生不必要的争论。一次，见廉颇车子来了蔺相如就主动避让。原来，这里就是蔺相如回避廉颇的窄巷。来头还不小啊！在巷子口还立了一通石碑，刻有《回车巷碑记》，叙述了廉颇负荆请罪的故事。即在廉颇得知蔺相如为了国家不受外敌攻打，而要与其和睦相处地治国理政的高风亮节后，便光着膀子，背着荆棘，到蔺相如府上去请罪与赔礼道歉。这可是历史上"将相和"的一段佳话。古为今用，这负荆请罪的故事，非常值得我们去认真思考的。

人们参加工作，就必须和同事一起共事。如果同事关系融洽，团队就和谐、就能紧密团结，大家工作就会生机勃勃，心情也就会十分快乐，事业的发展也就是如日中天的了。反之，同事关系不和谐，天天在窝里斗。斗来斗去，斗掉了团结，影响了情绪，耽误的就是事业，每个人的发展也将受到无可估量的损失。所以，在任何时候我们都必须志同道合地奋斗，才是正确的人生选择。

在职时，我也是在若干个单位的多个处室及多个岗位待过的人。怎么样才能把同事关系搞好呢？我认为，只有把同事关系从理论到实践的结合上升到同志关系，我们和谐共事才会有坚实的思想基础。因为，我们和谁同事，是不能选择的。但我们是为了一个共同的目标走到一起的，这个大道理应该明白。既然为了一个目标走到一起来了，就应该主动地去搞好同事关系，这也是我们职业生涯中必须重视的一个重要问题。因为"家和万事兴"是我国的优秀传统文化。同理，同事和、"将相和"、单位和、团队和（不论机关事业单位、还是企业）万事一定也是会兴旺的。正如歌词中所写，"团结就是力量"，这力量"比铁还硬，比钢还强"，所以在钢铁般力量的推动下，我们团队就一定会出优秀人才、出高效的生产力、出最好的业绩。我们共同追求的事业也就会蒸蒸日上，我们又何乐不为呢？因此，历史上有蔺相如为了国家利益至上而甘受委屈的"回车巷"，有了廉颇的有错则改的勇气，才有"负荆请罪"这千古绝唱的"将相和"故事的广为流传。这也是先哲们立功、立言、立德的生动体现，值得我们好好学习与借鉴。

而我们要搞好团结，和谐同事关系，窃以为，首要的问题，就是要化同事关系为"同志"关系。所谓"志同道合"就是志向相同，信仰一致。没有相同的志向与信仰，就会各唱各的调，各吹各的号，就不会有同仇敌忾的团结一致的局面出现。同事们只要有了相同的"志向"和相同的"信仰"，我们就是有了共同努力方向的同事共识，这样共事就有了统一的思想基础，就可以同舟共济，共闯难关，共创佳绩。同事就能成为真正的有作为的同志。也就不会轻易计较你长我短，我少你多了。

而我们要将同事关系转化为真正地为事业奋斗的同志关系。有哪些地方需要我们探讨呢？我在实际工作与生活中体会到有这样一些基本原则是我们必须去探讨与把握的：

一是必须坚持个性服从党性，个性服从共性不动摇。因为，我们从加入党组织宣誓的那天就已经表示"要为共产主义奋斗终身"，因此，当我们与同事发生工作或生活上的某些矛盾或分歧时，即使我们有牛一样犟的个性，也必须为了事业，为了和谐相处，要严格要求自己，以比较强的党性来约束、掌控我们的个性。以避免矛盾的恶化，以求得分歧的统一。共产党员就是要带头促进凝聚力不断增强、不断提高战斗力。能够让同事们在一个集体中都有实实在在的同志般亲密相处的感受。

二是坚持批评与自我批评的优良传统。和同事相处哪有不发生磕磕碰碰的呢？舌头长在我们口里还经常被自己牙齿咬了呢。矛盾也好，分歧也罢。只要我们在发生了矛盾和分歧后，坚持开展好批评与自我批评，就一定能很好地去化解的。其中要注意的是批评他人要实事求是，坚持一分为二的辩证唯物主义思想。坚持语重心长，坚持热心加耐心。自己呢，自我批评要主动、诚恳，要说真心实意的话，而不是花言巧语来回避掩饰自己的过错。以求得同事的原谅。只有这样做，同事之间的和谐关系才得以巩固，同事也才能成为真正的志同道合的同志。

三是坚持以身作则不放松。在一个团队里，榜样的力量是无穷的。特别是作为"长"字号的同事来说，更加要严格要求自己。不要同事做的事，自己带头不做；需要同事做好的事，自己带头做好；不要同事说的话，自己带头不说。要坚持吃苦在前，享受在后，能关心他人比关心自己还重。如我曾经给出差同事的家属赠送其三十岁的生日蛋糕，使他们夫妇感慨良多。平时，同事们小孩子升学、就业我也鼎力去帮助，这样也增进了同事之间的亲密关系。唯有上述这样的言行示范，"长"字号们的威信就必定是同事们个个要点赞的。同事也就一定会转化为真正的同志的。

这样我们团队的工作人员就一定会同心同德去迎接新的任务，一定是人人能够同舟共济地去谋更大的发展的。

四是必须坚持襟怀宽广的修养不放手。同事有了成绩，职务晋升了，我们不嫉妒。同事偶尔发生了失误，我们不仅不落井下石，还要主动去热情帮助。同事对自己有误解要坚持让时间冲淡它。平时，不要急功近利，注意在同事面前不居功，不骄傲，不盛气凌人。不在同事之间说不利于团结的话，不做不利于团结的事。人人能够坚持如此，同事之间就会互相理解、互相尊重。单位人际关系的风气就会越来越好，也就能为每个人创造宽松的工作与生活环境，同志们也就有了快快乐乐的每一天。

# 三十五　学历与能力

改革开放以来，党和国家提出了尊重知识、尊重人才、尊重劳动、尊重创造的重大人才工作方针，同时，加快了"四化"（革命化、知识化、专业化、年轻化）干部队伍建设的步伐。并且还根据科教兴国要求，大力实施人才强国战略。这样一来，不仅国家重视学历教育，重视人才培训，各机关、企事业单位选人用人也十分看重学历。这比把知识分子当成"臭老九"的"文化革命"时期确实是迈进了一大步。这是国家之幸，人民之幸。

然而，实践证明，仅有学历，没有一定的能力还是不行的。以事实为证：

案例1：某公司招聘了两位名牌大学毕业生，在学校里两个人都是号称"学霸"的高才生。但一年后，一个由于不能胜任工作岗位的要求，时常不能完成规定的工作任务被解聘了；另外一个呢，工作能力比较强，能够很好地胜任其工作，因此，一转正就被提拔为技术主管，深得单位器重。这天，刚好两个人在单位的人事部相遇。一个是去感谢人事部领导对自己的认可；一个是去办理离职的相关手续。人事科长见两人同时来了，觉得要跟被解聘的这位大学生谈谈话给予鼓励。于是，在请两个人坐下来后，人事科长就对那位要离开单位的大学生说："某同学，你工作还是认真的，可在知识的运用方面比你这位同学就要差远了，希望你努力提高自身能力。现在单位要的员工不仅是高分，还要是高能的。你这位同学就比你强一些。你千万不要灰心失意，只要再加把劲能力会逐步提高的。"被解聘的这位大学生听了科长这席言简意赅的话，连忙点头感谢科长的指点，表示到其他单位后一定注意自己的能力建设。可见，仅是学校里的"学霸"，还只算是"万里长征"走完了第一步，没有一定的工作能力还是不受单位青睐的。

案例2：某单位通过公开考试招聘了一位文科的硕士毕业生，将其安排在办公室做文秘工作。一天下午办公室主任安排他把100多份文件装订好，并明确地告诉他，这是第二天上午8：00开会要发给与会同志的材料。这研究生连忙说："可以。"还接着说了两个"好的、好的"。可是口里这样说，心里却对这么简单的工作不屑一顾，自己读初中时就帮助老师做过试卷装订的，这不是小菜一碟吗！因此，也就并不怎么放在心里，而做另外的事去了。到下午下班准备离开办公室时，他这才看到堆在桌子上的文件没有装订。于是急急忙忙到饭堂吃了饭又返回办公室装订起文件来。可是文件还没有订完一半，问题就来了——没有订书针了。其他同事都下班了，也没有地方领取；去上街买吧，单位远离市区，一时也找不到商店。没有订书针他也只好作罢。第二天上班就立即报告办公室主任，文件还没有订完，并且解释了原因。办公室主任听后真是哭笑不得，连连说："做什么都要考虑轻重缓急啊。要拉屎了才挖茅坑，没有不被动的。今后一定注意未雨绸缪，工作才有主动权的。"并且语重心长地教导他："我们工作需要的既是学习分数高的，也是办事能力比较高的，这是缺一不可的。"这研究生惭愧地埋下了头，一时羞愧得恨无地洞可钻了。

这办公室主任说得很有道理。在学校里"高分"是努力奋斗的结果。但走上工作岗位就不能吃老本了，必须老老实实做事，兢兢业业地谋业。让"高分"转化为"高能"，才会有所作为。

从上面两个案例我们不难看出，在已经进入知识经济时代的今天，我们的大学生们能否适应工作的需要，能不能有所作为，绝不是由他们原来的成绩决定的。而是由他们毕业后能不能具备比较高的综合素质来决定的。因为在知识经济条件下，要求各类人才必须适应"三个转变"的要求，即：生产工具由数量型向科技含量型转变、管理方式由粗放型向精细化管理转变、劳动者由单纯体力型向既要体力又更重智力型转变。所以我们大学生们不仅仅只是高分就可以高枕无忧了的，还必须到工作生产实际中去，用全力去提高我们知识化的生成水平。也就是说能够在实际工作中把知识转化为新技术、新理论、新的生产力，能够进行科学的管理、能够生产出优秀的产品，能不断提高经济、人才、社会三个效益。那么，我们大学生们也就才能真正成为党和国家所需要的人才，才能在"五位一体"的建设中做出我们应有的贡献。

当务之急，不论用人单位，还是大学生本人，必须把"有担当，尽责任；有能力，出效益"为重点的人才能力建设提到用人、育人、管人的重大议事日程上来。真正让大学生们既有"高分"又具"高能"，使他们既具有规定学历，又要具有比较强的能力，既有才又有德，才不失为正确的人力资源开发决策与措施。

为此，我们要在给大学生们压担子的同时，要把一些实际工作经验手把手地教给他们，以提高他们的办事能力与工作水平。

同时，不论是学文科还是学其他学科的，我们都要帮助他们学习好人文精神这门课，使他们能够理解人、关心人，在团队中有比较强的亲和力。能够自觉地克服高人一等的自满思想，甚至骄傲情绪。能够处处团结人，能够懂得发挥团队的力量，懂得注意发挥集体的作用。

并且还要通过下基层扶贫、支教、科技下乡、文化下乡或技术攻关等实践活动，加强大学生们的实际工作能力，让他们逐步积累经验。要让他们深入基层多接地气，多从实践中去吸取有益的营养。

# 三十六　底气与底线

2018年11月初的一天，武汉一家酒店通过官方微信，发出一篇文章称：网友只要集齐80个"点赞"，就可以免费领取一张价值168元的自助餐券。当11月15日约400位学生前来兑换时，酒店却不予兑换，引发大学生的维权要求。后经警方与消协调解，酒店答应按承诺兑现（摘自湖南日报报业集团主管的《文萃》报2018年11月20日头版）。

该酒店最终能够按承诺兑换自助餐券，一方面，表明该酒店自知有错，就没有不兑换的底气了；一方面呢，也是该店不踩商业道德底线的表现。就从这个层面上来说，这酒店知错就改的勇气还是值得肯定的。

今天，笔者就此来个借题发挥，对"底气"与"底线"这两个问题发表一点肤浅看法，聊供人们参考。

所谓底气，其中一个意思就是指信心和勇气。如某人的工作没有干好，说话就底气不足了。

顾名思义，我们做人办事要有底气，就一定有信心或勇气的。用雄辩的事实去证明自己就是行，使人感受到我们做事是有十足的把握的。我们不是吹牛，更不是讲假话。这样我们也才能取信于人，也才真正有底气。

回顾伟人毛主席的雄才大略，我们记忆犹新的是抗日战争胜利后，在重庆谈判时发生的一件趣闻。毛主席为了顾全大局，为了国内和平，不顾个人安危，接受蒋介石邀请，前往重庆与蒋介石进行和平谈判（1945年8月29日-10月10日）。一天，当有记者采访毛主席："如果蒋委员长要发动内战，你们能够打赢他吗？"毛主席则不无幽默地回答记者说："蒋委员长的蒋是将军头上一兜草，有什么可怕的（暗寓为草头蒋军是也，没有实力，非正义之师也）。而我毛泽东的'毛'字呢，是一个'反手'，这意味着打赢这场战争是易如反掌的。"这就是当年毛主席谈判时底气十足的生动体现。在毛主席看来，蒋介石要挑起内战，我们为着解放全中国劳苦大众而战，站在我方的立场上，这是正义的战争，正义的战争是必胜的。再有这是为人民解放而战，就有人民的积极拥护。同时，还有"为了一个共同目标走到一起"的、战无不胜的强大军队，有为了人民利益不怕牺牲而前赴后继的我军将士们的英勇气概，"兵民是胜利之本"，有了这两条，当然毛主席就一定是胜利在握了。所以，他也就能胸有成竹，底气十足了。果不其然，毛主席亲自指挥的解放战争就把蒋介石打得一败涂地，只能逃到台湾负隅顽抗了。毛主席是多么的伟大啊！

笔者对做事为人如何才有底气，也有过切身体会。20世纪70年代，我在公司政工科工作了7年多时间。当时公司为了丰富员工子弟假期生活，解除上班族的一点后顾之忧，需要组织学生开展适当的假期活动。这就涉及学生们的安全问题，但又不能因噎废食，唯有精心组织才对。就拿我们暑假组织青少年去湘江的橘子洲头游泳的事来说吧。开始有的家长比较担心安全是不是有保证，我则拍着胸脯对他们说，你们放一万个心吧，我绝对保证小朋友的安全。我这说话的底气来自哪里？就是自己高度负责的信心与勇气。首先，要把参加的人的名字一个个弄清楚。其次，是把保护学生安全的必要的器具带齐。如长竹竿、救生圈等，还选定会游泳的、平时工作认真的青年团员职工担任安全员。这些都是要一样不缺地准备好的。再是给参加的学生"约法三章"。当学生们进入正式游泳后，我还是非常紧张的，生怕发生学生溺水事故。于是，除了要安全员做好警戒外，我更是不敢疏忽，坚持站在岸边比较高的地方瞭望。就在这样严密组织下，谢天谢地一次事故也没有发生。后来凡组织青少年假期活动，家长们都会问我去不去，以决定她（他）孩子参不参加活动。因此，一个人工作要有这样的底气，是不能马马虎虎应付别人的。这底气的建立是在自己有这样的力量和把握的基础上的。因为事关20多个学生的生命安全，并非儿戏，是绝不能吹牛皮的。否则，就可能要踩底线。这不仅害了学生，还对不起家长，对不起组织。所以，这底气一定要建立在敢于和能够负责的精神上的，建立在我们平时养成的良好的思想、工作作风上与良好的职业道德等各项过硬的功夫上的。离开这精神和功夫，不仅无法成事，还是百害无一益的。

所谓底线呢，其中有个含义是指最低的条件、最低的限度。

这就意味着，我们在日常的生活与工作中，必须坚持起码的底线，坚守最低的限度。

如公务员其天职是为人民服务，承担着治国理政的大任。因此，公务员的底线就是不能贪赃枉法。坚持不踩"生命线"（党的政策和策略）、不踩"高压线"（法律）、不踩"红线"（组织纪律），这是最起码的底线。唯有坚持这"三不踩"，我们为人处世、干事业就有底气了，治国理政才有可靠的组织人事保障。

各行各业的执业人士也是如此。如遵守法律法规，坚守职业道德，忠于职守等就是必须坚持的底线。笔者曾经担任过办公室主任，不准用公车办私事，是单位的规定。我有一次用单位的面包车拉了一次木料，我坚持交了租车费，有人说我"死板"，我说这是遵守规矩的需要，是坚守底线的需要，绝不是"死板"。我认为我们公务员不以权谋私是最起码的底线，是必须坚持的。因此，平时我也一直坚持公事公办的原则，没有被亲情、友情、乡情等所累，因为，受党教育多年，深知这底线是不能突破的。

能够自觉坚持底线的人一般是不会犯错误或违法乱纪的。这样做，于国于己都是非常有益的。

而要坚持做到为人办事有底气，又能自觉坚守底线，我们必须坚持"三怕"：一怕法律；二怕组织；三怕群众。要明白：任何侥幸心理，任何弄虚作假，任何投机取巧都是欺骗不了，也蒙蔽不了组织的。否则，就要受纪律的查处，法律的惩罚，被人民群众所深恶痛绝。

还是按照毛主席的"先当学生，后当先生"的教导为原则。我们要有底气，又不踩底线，最为可取的就是：一定要老老实实地为人处事，真正具有用科学理论武装的头脑，有过硬的工作能力与才干，有守住底线的高度自觉。如能达到如此境界，我们的人生也就可以是"任凭风吹浪打，胜似闲庭信步"了！

# 三十七　压力与动力

先请看两个案例。

案例之一：《抗病魔25年，他留下了造福千万人的新药》讲述了中共中央宣传部2018年11月16日向全社会公开发布的王逸平（中国科学院上海药物研究所研究员、博士生导师）的先进事迹。中宣部追授他"时代楷模"称号。

由他领衔研制的丹参多酚酸盐，是一种全国5000多家医院临床应用，造福2000多万患者的创新中药。为此，《自然生物技术》评价，该药的成功上市意味着中国的生物医药产业可以通过对具有悠久临床应用历史的传统中药进行化学成分的深入研究来开创新药物。他同时还领导构建了一套完整的心血管药物研究平台体系，为我国药物研发企业完成50多个新药项目的临床药效学评价，为企业科技创新提供了强有力的技术支撑。

他曾经是临床医生，一位老年病危患者曾拉着他的手哀求道："医生您救救我吧，我不想死。"这成为他从事药物研究的契机。他从30岁开始被长达25年的病魔困扰，然而在危重老年病人的感召下，他将压力变为动力，奋斗不止，直到病倒在办公室的沙发上，当被发现时，他已经永远离开了世人，旁边还有一支止疼针。其顽强精神是多么的可歌可泣啊！

案例之二：《为工作"加戏"的公交车驾驶员》这一图文并茂的新闻（摘自2018年11月9日《青岛晚报》）报道了青岛128路公交车驾驶员韩明星在工作时发现乘客中有不少外国人，他便利用闲暇时间自学英语。从2018年6月开始，他用浑厚的嗓音和标准的英语进行双语报站。他用播音腔中英文报站的视频被乘客发到网上后，引来近20万网友点赞。有网友甚至笑称："公交车坐出头等舱的感觉。"

这公交车驾驶员不仅是为工作"加戏"，而是为提高服务水平，在自我加压。这样不辞劳苦地工作就有了新的动力。他的举动开创了公交车中英文双语报站的先河，为乘客提供了方便。这也是他服务态度比较好，工作主动热情的生动体现。真正的可赞、可喜、可贺。

人们经常说，没有压力就没有动力。这话是非常中听的。上述案例中的王逸平、韩明星两人的先进事迹就是铁的证明。

在这方面，笔者也是有亲身感受的。比如，我父亲在我四岁多时就因病离开人世了。那时我的六个哥哥都没有文化。我母亲因病去世前，就交代我大哥要送我这个"满崽"（我是家里排行第七）上学。到高中二年级时，年仅38岁的大哥不幸逝世，他临终又叮嘱三哥和四哥要让我完成学业。这对于我来说，一方面衷心感谢母亲和大哥的恩泽，一方面就有了无形的压力。我当时也不懂什么压力变为动力的哲学道理，只晓得家庭经济上非常困难，不好好学习就对不起母亲与哥哥嫂嫂们。于是，暗地下决心要上大学。因此，读书是比较刻苦自觉的。生怕考不起大学而辜负了家人的期望与养育之恩。功夫不负有心人，终于在生活非常困难的情况下，在老师的培养和同学的帮助下读完了大学。没有辜负老师的培养，家人的期望。当然这更加离不开国家重视教育的英明决策。

我参加工作后，随着职务的提升，工作的责任就越来越重，工作要求也越来越高。因此，如何严格要求自己，做到守土有责，又成为我的驱动力。而这驱动力就是岗位的担子所压。每想到工作岗位来之不易，机遇来之不易。就自我加压，砥砺前行。我参加工作换了七次工作岗位，坚持做到干一行、学一行、干好一行。也就没有辜负组织的信赖，同事们的帮助。

所以，我体会到，压力是实现人生价值的驱动器，是人生自我完善的催熟剂。人的一生好比弹簧，我们看航空母舰上，弹压垂直起飞的飞机，力量有多大啊。有了压力，就产生动力，我们能够正确对待压力，转化压力，人生的航船就一定能够达到胜利的彼岸。

这好比一汪湖水，没有劲风吹拂，就没有波澜壮阔的胜景。越是经过风吹浪打的人生，就越有实现飞跃的可能。

而要把压力转化为动力，一靠坚强的毅力——有锲而不舍的精神；二要建立"加油站"——有不断学习的韧劲，就有智慧的源泉；三靠发挥团队的力量——有坚强的后盾；四靠有牢固的根基——树立正确的人生观，世界观、价值观，这是基础，这也是底线。

# 三十八　建功与健康

毛主席的《为女民兵题照》中写道："飒爽英姿五尺枪，曙光初照演兵场。中华儿女多奇志，不爱红装爱武装。"这脍炙人口的诗篇中洋溢着毛主席对我国妇女精神面貌的巨大变化而产生的欣慰之情。同时，也是毛主席对以女民兵为代表的广大女同胞们的最高奖赏，也还是鼓舞全国人民为建设现代化强国而奋斗的壮丽诗篇。

笔者由此及彼地联想到对"中华儿女多奇志"的诗句的理解。"奇"在哪里？所"奇"之一，就是表现在工作生产中，表现在各行各业的建设中都有争取建功立业的良好愿望，都有比较强烈的事业心，责任感。特别是抗洪抢险，防震减灾等自然灾害，参与处置突发事件等方面都有同样的志向，同样的劲头。这就是中国传统的"多难兴邦"精神之所在、也是中华儿女紧密团结之"中国范"。时常是一方有难，四方出力，八方解囊。

因为，建功立业也是人生出彩的一个方面，也是他们的良好愿望。应该全力支持与保护这种宝贵的精神，它是与"天下兴亡，匹夫有责"如出一辙的。人人都能建功立业，现代化的步伐就会更加坚定、快速。

然而，平时那些为了为祖国建功立业而忘我工作英年早逝的优秀人士，却是国家的重大损失，是人民的重大损失。也是我们必须认真吸取深刻教训之处。因此，在建功立业中的人们的身体健康问题是值得我们认真对待的。这也是人才能力建设中不可忽视、不可遗忘的重要问题。

我们在加强人力资源能力建设中，加强技能、智能建设是必要的，但体能建设同样不可忽视，还应该作为"短板"予以强化。如除了搞好全民健康运动、身体检查外，还必须重视对那些承担国家或省部级重大科研任务的优秀专家、学者给予身体健康方面的重点保护。要对他们的身体定期进行检查，如发现疾病要对他们早治疗，帮助他们早康复。要定期组织他们开展健康疗养、定期休假活动，要督促他们注意劳逸结合，懂得拼搏而不拼命的道理，要懂得身体是事业的"本钱"，丢了"本钱"，事业就"冒得路"了，还奢谈什么建功立业呢？

同时，为了保证广大人民建功立业的积极性、创造性，要重视健康生活，科学养生的普及工作。要把公共场所的戒烟工作做扎实，对酗酒行为进行零容忍，对制造假冒伪劣食品的企业或个人要坚决查处。

要搞好环境保护，为人民提供蓝天白云、青山绿水的好环境。促进"五位一体"发展的同时，保障人们身体健康，以实现人寿年丰的全面小康。

特别是要进一步搞好医疗保险制度改革。让人民看得起病，在疾病的防治上没有后顾之忧。以保护现实和未来的生产力中的最活跃的、决定性的因素。使人民体能与技能、智能相得益彰，建功立业也就有了全面的保障。

在精准扶贫时，扶资金、扶项目的同时，还要特别关注贫困地区的人民健康问题。改水、改厕、改变落后的生活方式、生活习惯等工作一定落实好。一定要防止疾病在大规模人群中发生，同时要避免因病返贫现象的重复出现。要知道，没有人民群众的身体健康是无法脱贫致富的，更难实现他们建功立业的良好愿望。

人民身体健康，国家兵强马壮，是圆中国梦的希望之所在，也是人类发展的必然趋势。有"中华儿女多奇志"的智慧与力量的保障，我相信经过举全民之力，同心同德、坚持不懈的努力，一定能够将中国梦谱写得更加出色的。

# 三十九 　上与下

　　一天，我在报纸上看到这样一条信息：一个老年妇女，由于反复咳嗽到医院治疗，发现其肺部有阴影，医生怀疑她可能是肺癌。在进行专家会诊时，有个专家发表了与众不同的意见，他怀疑这个病人是在吃鱼时，鱼刺卡到喉咙里然后又进入肺里了。后经过仔细诊断，果不其然是一根鱼刺卡在里头了，医生很快就将其取了出来。你看这"卡"真是讨嫌，甚至要命啊。

　　我们现在再来仔细看这"卡"字，从上往下看是个"上"字，从下往上看又只见是个"下"字。上下共用一横，"上""下"两个字结合才为一个"卡"字。可见我们古人的才智是非同一般的。这不，上不得，下不得，就要被"卡"了。

　　所以，平时，我们吃饭不要说话，吃带刺或骨头一类的食物要小心翼翼才好。对于婴幼儿要特别注意，不要让他们被食物卡了。

　　这生活中的"卡"，还好说，细致加细心就可以放心了。可是工作中的"卡脖子"就不可轻视了。

　　我记得改革开放初期，由于干部人事劳动工作改革的滞后，长期以来形成的"干与不干一个样，干多干少一个样，干好干坏一个样"的现象比较普遍，就是"吃大锅饭"的制度造成了"懒、散、庸"的不良工作作风。对事业发展就造成了各种各样的"卡脖子"的事。并且，对此类问题还不像取鱼刺那样容易解决。因此，就严重影响了工作效率与效益的提高，影响了事业的发展。

　　随着改革开放的不断深化，党中央、国务院高瞻远瞩地做出了加快干部、人事、劳动制度改革步伐的战略决策。其中就提出了机关、事业、企业单位的人事劳动制度要实行分类管理，要求"人员能进能出，职务能上能下"。并且岗位的安排与职务的晋升通通实行竞争制度，在企业的岗位安排上还要实行"双向选择"。目的就是要充分体现"干与不干不一样，干多干少不一样，干好干坏不一样"的原则。就是要能够让肯干事的有岗位，能干事的有舞台，干好了事的上奖台。这如同一石击起千层浪。如果经过考核，生产工作没有绩效，岗位可能就要下，职务也就要掉。因为，不如此，那就会卡住事业的可持续健康发展。

人事劳动制度改革形成了一股强大的、激发人们进取的驱动力。

工作上，如果不能上去，就要下岗；

学习上，如果不努力，能力就要下滑，不利于竞争上岗；

作风上，如果不改进，职务的"帽子"可能就要被摘下。

所以工作人员都是自我加压，活力也就越来越强了。大家都在做"上""下"的文章，这"卡"脖子的事少了，事业也就不断得以发展。

如果把"卡"字拆了呢，就是"上"字和"下"字了。而我们做好了"上""下"这两篇文章，卡脖子的麻烦就必然会越来越少。

怎么"上"？要思想上求上进，工作上争上游，作风上要向好，这样我们就进步了。

同时在"上"中还要注意对上级要服从，要尊重。不弄虚作假，不低声下气。交代的工作任务不能打折扣，要尽快落实。要让上级对我们放心，甚至满意，我们就可能工作上台阶，人生价值的实现就更加上档次。

怎么"下"？同样的道理，思想改造、修身养性、积累知识、完成任务、团结同志等都要舍得下功夫，持之以恒，我们工作就上去了，有为就有位，职务的"帽子"不仅不会掉下来了，也许"帽子"还要越来越大。

同时，还要多下基层，多接地气，到群众中去吸收营养。一定要务实，绝不可蜻蜓点水似的漂浮。能真正下得去，学的好，干得好，我们的工作也就上去了。

但对于下级呢？千万不能欺负和藐视。要关心爱护与保护他们的积极性，充分发挥他们求上不求下的良好愿望。要为下级多设进步的通道，干事的途径，以鼓励他们奋发有为，这样我们就会有很强的凝聚力。有众人拾柴，火焰就会越来越高。

还有我们的生活作风千万不能下流、下作、下贱。要经得起利益、财色的考验。争取做个脱离了低级趣味的人，一个有作为的人。

总之，这上上下下的事情用三两句话是说不清楚，道不明白的。但愿朋友们、同学们、同事们、同志们都能一以贯之地坚持"好好学习，天天向上"，我们就一定能继续往"高处走"——思想觉悟高，工作水平高，待人接物能力高，无私奉献能量高。

# 四十　文与武

岳飞是我国北宋时期的抗金名将。据传，在秦桧等奸臣勾结起来加害他时，他明知自己是有功无罪之臣，因此不断地为自己鸣冤叫屈。可是谁会听他的呢？真是"欲加之罪，何患无辞"。所以，秦桧以"莫须有"的罪名就杀害了他。这是奸臣们闹出的千古奇冤。据传，当岳飞鸣冤时，一个狱卒则透漏了他遇害的天机："你岳飞一心一意想的是如何打败外敌，洗雪国耻，却丝毫也不懂得政治，不知道变通。"岳飞听后哑口无言。岳飞的被害就成为我国历史上的一幕悲剧。这也是值得我们好好地思考的。看来一个人要有所建树，光有武功是不行的，还必须还懂得变通，即要有一定的"文功"。

但岳飞留下的"文官不爱财，武官不惜死，则天下太平矣"这名言则永远是颠扑不破的真理。

如果我们国家公仆们都能达到不爱财，不惜死的境界，一个个都是能文能武的，那国家治理就真正有了可靠的人才智力保障。

为此，我们在加强国家干部队伍建设时，必须以法律的权威，制度的约束来加强公务员的政治思想教育，加强作风建设。使我们的国家的栋梁之材——公务员人人都是德才兼备、能文能武、清正廉洁的。老百姓就高兴了，国家强大起来也会更有底气了。

文的方面，笔者认为，必须学好科学理论，坚定信念，不忘初心。公务员必须是学习科学理论与精通业务知识的先行者。以我为例，我当公务员的27年就是不断学习理论知识与业务知识的27年，从来没有停止过学习的，这对做好工作是非常有用的。同时，我们还要培养人文精神，能够理解、关心人。一定要坚持民为邦本的执政理念。倘若一个公务员心不为民、手不能写、口不能言、行不懂行，那就只能是酒囊饭袋一个，是别无他用的。并且在培养公务员时一定要坚持以文化人，以德树人。同时，为了适应工作需要，我们每个公务员一定要有自己文化技术方面的特长与爱好。我的爱好是书法，近三十年的书法练习，不仅给工作带来了便利，还掌握了许多知识、陶冶了情操。如到基层送文化下乡，其中书法艺术就被人民群众喜闻乐见。如怀化市在乡镇公务员开展"一人一技"活动，推动了公务员学习的积极性，也提高了工作效率，为化解"三农"问题起到了积极的推动作用。因此，培养有理想、有文化、有道德、守纪律的公务员，应该是干部队伍建设的目标之一。同时，还要把培养能干人作为干部队伍建设的重头戏来唱。如果一个人文不得，武不得，那有什么用呢？

武呢，一方面，作为军人，作为爱国的人民来说，为了国家与人民必须具有勇往直前的英雄气概与本色，敢打敢拼。一方面是指，一个人不仅有文化，而且必须有办实事的能力和本事。如果说一个人可以口若悬河，滔滔不绝，对于天上飞的，地上爬的都了如指掌。但做起事来却是一窍不通，或者手无缚鸡之力，或者脚缺登攀之劲，那么，这样的公务员仅仅是纸上谈兵而已，是什么事也做不成的。这能够让人民满意吗？是绝对不能让人民满意的。

当然我们不能苛求每个人都成为能文能武的全才，这也是不可能的。但实干精神，动手能力等则是我们必须具有的基本"武功"。因为干部、干部，就是要先干一步。如果你啥子也做不好，只能做摆设，还白白地浪费人力、物力、财力啊！因此，这样的"武功"是不可不高度重视的问题。因此，我们必须注意理论联系实际地学，坚持经世致用的原则，坚持学的过程中好好干。要坚持边学边干，边干边学；干中学，学中干。这样我们做事就一定能够有板有眼了。我们也就一定能够敢于挑重担，敢于并能于攻坚克难了。

"沉舟侧畔千帆过，病树前头万木春。"既有"文功"又有"武功"的人们一定能力挽狂澜，也一定是大有作为的。

# 四十一　屈与伸

　　某人听了有人扬言要羞辱他的话，还主动回避要羞辱他的人，旁边有人可能会说，这人不是窝囊废一个吗？请慢下这结论，我们只要去认真看看历史上发生的"负荆请罪"的故事，就知道这个人不简单。原来他就是"宰相肚里可撑船"的蔺相如，哪来窝囊之处？而当扬言要羞辱他的廉颇老将军知道蔺相如此高风亮节后，也不得不佩服他了。于是，廉颇连忙负荆前往蔺相如的府上请罪。就这样演绎出了"将相和"这样感人肺腑的历史佳话，成为千古绝唱。

　　由此事，笔者想起一个"引"字来。这个字，用之于我们人生，是可以引导我们在待人接物、为人处事上游刃有余的。

　　不是吗？这个字的左边是一个"弓"字，弯弯曲曲；右边是一竖，伸得笔直。它们组合起来就成为一个"引"字。这就告诉我们，一个人必须有能屈能伸的修为。怎么回事呢？请君听我慢慢道来。

　　这"引"字左边的"弓"字，若是弓弦拉紧，如箭在弦就可以狠狠地打击敌人，保护疆土。在对敌斗争面前，我们应该有开弓没有回头箭的勇气，要有宁为玉碎不为瓦全的大无畏牺牲精神。

　　另外呢，这"弓"字也代表能伸能屈的"屈"。在什么时候应该屈呢？名利、荣誉、功劳、待遇、财物等面前应该把手屈得紧紧的，是决不可伸手的。

　　看看我们老前辈的高风亮节吧！1959年许光达被授予大将军衔后，深感不安。连忙给毛泽东主席写信要求降衔。毛主席在军委会议室里拿到这封信后，用带着浓浓的湖南乡音的语调在窗边低声道："五百年前，大将军徐达，二度平西智通冠州；五百年后，大将许光达几番让衔，英名扬天下。"许光达不就是我们学习的楷模吗！

　　有了一点成绩，做了一点贡献，仍然要谦虚谨慎。要有"利谋天下，功归集体"的自我把握。那些居功自傲，而伸手向组织讨价还价的人有几个名垂青史的？那些贪官污吏不惜代价地到处伸手，也还不是一个个都栽倒在法网恢恢面前吗。

还有，为了国家的安危，与同志或他人的团结，我们有时即使受点委屈也不要紧。蔺相如受委屈了，还要主动团结廉颇，就是对付秦国侵略的英明之举。他后来对人解释说，秦国不敢攻打我赵国，就是因为，我和廉颇两个人紧密团结。如果我不受点委屈，秦国就有乘虚而入的可能。因此蔺相如与廉颇彼此双双是顾全大局的"屈"，是非常明智的"屈"，是不计较个人得失的"屈"。是高风亮节的"屈"，也才"屈"得流芳百世的。所以，这样的"屈"，也才非常值得我们大家学习和借鉴的。

由此及彼，在我们日常生活与工作中，彼此之间也难免不发生误会、误解等，也难免有他人在不完全了情况下的七嘴八舌。在这样的情况下，我的看法，也不要过于计较。能解释的就解释，不好解释的就冷处理。日久见人心，让行动和时间为我们消除误会，以得到他人理解。急急忙忙，毛毛躁躁处理这类矛盾，往往适得其反。当我们"屈"得有理，"屈"得有修为时，一定会是赏心悦目的。"将相和"就是最好的证明。否则，只能是频生烦恼。所以该"屈"时，是一定要"屈"的。

"引"字的右边有一竖，是要我们必须伸直。告诉我们"该出手时就出手"，不可弯弯曲曲、不可扭扭捏捏的。

如在重大政治事件或重大原则问题面前我们要直截了当地表明我们正确的立场与原则，不可躲躲闪闪，不可丧失原则与立场。在党组织内部开展的批评与自我批评活动中，要在适当注意方法的情况下，直率地发表批评他人意见的同时，要实打实、满怀诚恳地做好自我批评，不可含含糊糊，更不能像手电筒那样——"只照别人，不照自己"。

在接受工作任务时，或在群众困难面前，或在对敌斗争当前我们决不能推诿，一定要勇往直前，不可挑三拣四，更不可马马虎虎。这时我们的手一定要早早地伸出来，要有"不来个大显身手，决不罢手"的气概和勇气。

如遇到抗洪抢险，防震减灾，或需要见义勇为时，我们要义无反顾地伸出援手，满腔热情地去帮助有困难或遇到危险的人们，要不论亲疏，不图回报地把手伸出来。

尤其是见义勇为，是需要勇气和正义感的。但这是有良知的人必须具有的品德。必须勇为，而不可退让。

笔者有次，因公从娄底市出差坐火车回长沙。车上乘客比较多，我只能站在两节车厢相连的通道上。后来有位乘客与火车上服务员发生了厉害的口角。我见那乘客说话很不礼貌，且蛮不讲道理。而那女服务员呢，也被他骂得非常难为情。于是，我对那乘客轻言细语、直率地说："同志你有意见可以提，也可以到车长那儿去告她。但你再有理也不能在这大庭广众之下骂脏话啊，这样是很不文明的……"我还没有说完，那个乘客瞟了我一眼，看我戴着眼镜，一大把年纪了，可能认为我是个教书人吧，就不再骂人了。加上在旁边的其他同志帮我附和，这看着要大吵大闹的场面就阻止了。这不皆大欢喜吗？所以，见义勇为是不能犹犹豫豫的，为了主持正义，为了战胜邪恶，一定要敢作敢为，直截了当去为，不要怕这怕那的。

平时，这一屈一伸的文章做好了，就可以引导人们向着每一天的进步前进。待邪不压正时，这社会也就会到处充满灿烂的阳光。

我知道，能伸能屈是大丈夫的操守，是需要几番磨砺才能达到的修为。但我们也不要畏惧，只要我们肯到实际生活中去"摸、爬、打、滚"，日久也会见功夫的！因为人生需要能伸能屈的品德与修为，我们不得不抓紧修炼。

# 四十二　面和与心和

1970年7月，我大学毕业后被安排到中国人民解放军0645部队劳动锻炼一年七个多月。那时每逢连队、或全团官兵开大会或看电影时，在会前，或电影放映前都要唱革命歌曲。既要一个个连的合唱，也有全场一起合唱。连队之间还要互相拉歌。那集体主义精神和豪迈的斗志，随着嘹亮的歌声飘向远方……在这种环境的熏陶下，我们每个人都充满着对未来的美好希望。所以，我身临其境，真切地感受到中国人民解放军的确是一所锻炼培养人的好学校、好熔炉。

而在我的记忆里，《团结就是力量》是我们在部队每次集会都不能少的一首歌。

是的，团结就是力量，这力量"比铁还硬，比钢还强"，是中国各民族的团结在中国共产党领导下战胜了日本帝国主义，打败了"蒋匪军"，建立了中华人民共和国。新中国成立后，中国各民族更加紧密地团结一条心。因此，无论是建国初期，白手起家恢复战争创伤的艰难时期，还是发扬国际主义精神的抗美援朝战争，都是中国人民团结奋斗创造的奇迹。更有"三年暂时困难"时期；或是每逢抗洪救灾（如1956年，1998年的两次特大洪灾），抗震救灾，及"非典"疫情发生后，都是众志成城地在党和国家的统一领导下战而胜之。这大中华团结起来就是一个家。所以，任何艰难险阻也不怕，在全国人民的力量拧成一股绳的情况下，一定是战无不胜的。

《团结就是力量》不仅是意义深远的歌曲，它还是鼓舞人心的号角，它还是集聚力量的凝固剂。因此，人民团结，民族团结，国家就更加团结，就永远能够立于不败之地。

而我们要搞好团结呢，不仅要"面和"——表面上的一团和气，更不是挂在脸上做样子的和气。真正的团结关键在于"心和"——意志的统一，认识的一致。只有"面和"，"心不和"是搞不好团结的。即使一时似乎很团结，但这是经不起丝毫考验的。

在这个问题上，我是有过教训的。刚参加工作时，一天下午，我们公司有两位副经理为工作发生了严重的争执而吵起架来。我当时在政工科当干事，我见此情景，觉得领导之间这样争吵不合适。在不了解真相的情况下就对一位比较了解我的副经理直截了当地说："你们领导这样吵影响不好啊。"这位副经理当时瞪了我一眼，也没有说什么。第二天上班时，这位副经理就把我叫去谈话。他说："你对我有意见吧，你昨天那样说话。"我听后，知道昨天我是太莽撞了，马上给他赔礼道歉："吴经理，对不起，我错了。"他这才微笑地说："我可不是无缘无故地争执，是要把问题说清楚，化解矛盾，不至于影响班子成员的团结。你不了解情况就不能随便开口的，因为你还年轻，所以今天一定就昨天的事找你谈话。"我连忙感谢他对我的关心与爱护，觉得自己太冒昧了。他最后还特别强调地对我说："团结必须是心和，同心才能同德，同心才能持久。和稀泥的团结是不能稳固的，只有把问题分析透彻，大家意见统一了，才可以心往一起想，劲往一处使，这不就团结了吗！我在革命战争时期是做政治思想工作的，比较注意这点的，也带着这作风从家乡南下了。希望你们年轻人也要发扬我们党和军队的优良传统，知道团结的重要性，懂得怎么样搞好团结。"他的这席话，我听后获益匪浅。后来，我在团结同志方面就比较谨慎，比较注意了。也许是经一事长一智吧。

我认为，平时和同志们在一起工作，年长日久，难免因看问题的视角不同，或者思考问题的方法不一，或在研究工作时对政策理解的差异而产生种种分歧，这都是正常现象。我们不能因此而斤斤计较我对你错，也不能犯主观主义的毛病，什么都是自己对，别人不对。有时甚至自己不认真思考问题，还强词夺理地去指责他人。这样就容易伤害他人的感情，势必影响团结。同时，我还认为，不要因工作上的分歧而影响同志之间的团结。有时意见不统一，不是他人故意与我们过不去，有时可能是认识问题，有时可能是经验不足的缘故。在这种情况下，要互相多沟通，多宽容大度一点就好了。千万不要放心里，乃至形成影响团结的死疙瘩就不好了。因此，平时还要注意坚持就事论事，"一事了一事"的原则。在这些问题上一定不能记小账，更不能算旧账，以避免矛盾激发而影响团结。

还比如，平时我们已经有与其他同志们面和的良好基础，就应当互相珍惜，这是加强团结的起码条件。只要面和就便于交流，便于从面和发展到心心相印，团结就更加巩固了。

团结问题也是对我们平时政治理论水平、修身养性程度的最好检验。能够顾全大局，能够严于律己，宽于责人，能在非原则问题上"装糊涂"的人，能够管住自己嘴巴不去胡乱说的人，能够用马克思主义辩证法处理问题或分歧的人都是有亲和力、并能紧密团结他人的人。

归根结底，要做到面和心更和，我们一定要加强学习，严于律己；一定要胸怀开阔，有海纳百川的胸襟，有"将相和"那样的大度；一定要大公无私，有天下为公的意境；一定要以人为本，有与人为善的良知，有为他人着想的境界。这团结就会发展得更好，这样的团结也才能更加巩固。

"团结就是力量！"让我们大声而欢快地歌唱吧！唱出一篇和谐之歌！唱出一片新天地！

"军民团结如一人，试看天下谁能敌？"（摘自毛主席1963年8月1日诗《八连颂》）

# 四十三　赏与罚

《法制日报》2018年11月23日报道，近日，深圳市某女士小莎在吃夜宵时遭陌生男子林某鹏扑倒猥亵，店老板曾某出面制止。但在该男子被控制后，店老板又猛踹其头。后当警察前来办理此案时，林某鹏被依法处置是毫无疑问的，警方对店老板曾某见义勇为的行为给予了充分肯定，但对其过当行为也进行了罚款200元的处罚。

这种赏罚分明的做法是建设社会主义法治社会，维护法律尊严应有之义。所以，在场的其他群众无不拍手称好。这也给我们如何遵纪守法上了生动的一课。

法律上的赏罚分明尤其需要，也非常可贵。既可避免罚不当罪现象发生，也能杜绝不冤枉一个好人，不放过一个犯人的现象发生。还张扬了正气，维护了公民的合法权益。

其实，在日常工作中坚持赏罚分明也是人力资源开发与公务员队伍管理不可缺乏的重大原则与手段之一。

"但有清名堪寿世，更无灵药可延年。"（【清】杨汝谷）这就意味着，大凡脑壳没有进水的人们都懂得："人人有面，树树有皮。"（笑笑生《金瓶梅词话》）所以，在企事业单位人力资源开发与公务员队伍建设中能够坚持赏罚分明，是调动员工与工作人员积极性、创造性的重要手段之一。

如果说爱美爱打扮是人之常情，那么，建功立业之愿望也是人之常理。所以在劳动法、事业单位人事管理条例、公务员法中都有奖励与惩戒的具体规定。明确要求该奖励的，必须论功行赏；该处罚的必须从严要求。这如同一根激励人们积极性与创造性如泉喷涌的好杠杆。否则，"干与不干一个样；干多干少一个样；干好干坏一个样"，谁还去积极主动地做工作呢？因此，这奖罚分明同样是深化干部人事制度改革中不可缺乏的重要内容之一。一个能够坚持敢奖、敢罚、善奖、善罚的领导集体，一个能坚持赏罚分明的团队，其风气一定是杠杠的。其凝聚力、号召力、战斗力也将是优异的，其事业的发展也一定会兴旺发达。

但我们要把赏罚分明的工作做好、做细、做准，也是很不容易的事情。

如我们国家在粉碎"四人帮"后的20世纪70年代末，为调动人们各方面的积极性，国家决定提高工资水平。而当时的政策是控制每个单位只有1/3的人员能够提一级工资。这工资加给谁呢？国家有关部门政策规定了"工龄长短、劳动态度、贡献大小"的加薪标准。可这标准也不是很好掌握的。于是，我就被省局抽出来到兄弟公司去搞加薪的试点。局领导考虑试点成功后再推广到其他公司照此办理。由于那时没有进行劳动人事制度改革，平时都是吃的"大锅饭"。所以，既没有考核标准，更没有考核记录可依。要按照那样抽象的标准把加薪名单确定下来，是非常困难的。于是，只好在学习文件的基础上，由每个人进行自我介绍，再采取大家投票的办法决定加薪名单……可是，在一个小单位，自家人比较多的情况下，就变成了"一家班"式地涨工资了，并且还闹出了因"上了个厕所"或"吃一碗粉"耽误了时间而丢了一级工资的笑话。

实践证明，加薪，这也是论功行赏的办法之一，而这样的加法就很难起到论功行赏的作用。有时还要让干了活且能干活的人受委屈。

因此，要做好赏与罚的这两件事，是需要做扎扎实实的工作的。我的体会是一靠制度的约束，二靠科学的方法，三靠持之以恒的常态化。

为此，首先，必须有赏罚分明的规矩（制度），要有比较好操作的制度与方法。"没有规矩，无以成方圆。"有了规矩还要好好地兑现才能发挥规矩的应有作用。

其次是，必须加强日常的考核工作。做好赏罚分明的基础工作，要杜绝评价不公现象的发生，也要防止弄虚作假，防止"虚报冒领"等不良情况出现。

再就是，奖不宜滥，罚则必须严。要奖得准确，奖得实在，奖得服人。如果把奖励作为福利"排排坐，分果果"，其效果必定是适得其反的。罚呢，必须不论亲疏、不论资历、不论职务（职称）、不论男女，都要一视同仁。要罚得准，罚得在理，罚得心服口服，决不可罚不当罪，才能起到"杀一儆百"的良好作用。

为了实现管理现代化，达到规范化、精细化的管理目标，我们必须认真探索赏罚分明的正确路径。真正让有能力尽责任，自觉做贡献的人们能够及时登上领奖台；让不思进取的，或滥竽充数的，不敲钟只混饭吃的大大小小的"和尚"都没有半点市场。我们的管理就真正做到了家，我们所从事的事业也一定能够如日中天的！

# 四十四　度与尺

　　1958年，勤工俭学活动在我们那贫困山区的小学生中开始了。一天，学校老师组织我们下田帮助生产小队搞深耕。也不知道是谁规定的尺寸，深耕时，要在稻田里每隔两米挖一条一米多深，两米来宽的沟，然后再把上面土填下面，下面土放上面，再整平就完工了。可到第二年春耕时，牛陷入沟里，一时，搞得农民们哭笑不得。类似于这样的事情我经历过不少，1975年我参加省委"农业学大寨"工作队，到嘉禾县塘村人民公社坪田大队开展"农业学大寨"运动。为了完成五一节前插完早稻秧的任务，公社不惜违时，通知各生产队必须播种。我们工作队也没有多少同志懂得这样做是不行的，也就没有阻止。可后来，寒潮一来，发芽的种子全部冻死在田里。我当时心急如焚，也帮助队上想办法去救秧苗，可是没有一点效果。

　　实践证明，这样没有尺度的行为必然是事与愿违的。

　　度者，适度也。世界万物都有度。要懂得过犹不及的道理。如要喝开水，把水烧到100度即可，再往上烧，就会变为水蒸气了。要吃冰棒，把它准备好的原料冷到结冰的温度就可以了，再低的温度不仅丝毫没有意义，还只会白白浪费能源。更为可恨的是，被查处的那些腐败分子。他们犯错误，甚至犯罪，其原因是多方面的。但他们"无度"的行为也是重要的原因之一。如有的人，特别是担任一定领导职务后，大搞奢靡之风，喝酒贪杯，丑态百出……以致滑入深渊而不能自拔。有的，则忘记了"以利相交，利尽则散；以势相交，势去则倾；以权相交，权失则弃；以情相交，情逝人伤"（【隋】王通《文中子·礼乐》）的古训。天天与那些狐朋狗友混在一起，结果被所谓哥们义气、兄弟情谊绑架而脱不了干系，最后，只能沆瀣一气，走向反面。有的，则刚愎自用，听不进也听不得半点不同意见，剩下的只是我行我素的霸道，到头来是决策失误，工作延误，威信全无。

　　凡此种种，都是待人接物，为人处世没有度的表现，结果也就被这无度所害。

我们强调的度，在农业上讲，就是不要违反事物的客观规律，道法自然才有可能取得预期收获。

所以凡事都有度。喝酒不酗酒是度，务农不误季节是度，做工要守规矩是度，做官不贪婪是度，说话不伤人是度，交友要辨良莠是度，生活作风必须检点也是度，做人不缺德更是不可缺失的度。

我们掌握了度，人生就可以顺利前行，否则十有八九是要栽跟头的。不仅不能出彩，反而只会出丑，必须引以为戒。

那么，做人呢，还应该有"尺"。这"尺"大到党的路线方针及各项政策、决策，国家法律、法令等，都是必须不折不扣掌握的"尺"。小到单位或团队的工作、学习、生活的制度规定，也是必须遵循的"尺"。就是一些人们喜闻乐见的公序良俗，也是我们为人处世的"尺"。

特别是担任领导职务后，这件事能不能做，这利该不该要，这名能不能争，这样的决策该不该、能不能作等，都是需要用大大小小的尺子去量一量的。超过了尺度就要收手，就要止步。一定要坚持不踩底线，不越红线，不撞警戒线。这就等于给人生系上了安全带。

而我们要能够做到收放自如，进退有度，关键是要把握好义与利、是与非、公与私等这几根弦的尺度。这样处世为人、干事业都是不会失其理与道的。

心底无私天地宽。我们只有以英雄们的本色为榜样，学习他们无私奉献的一生，全心全意为人民服务的一生。坚持把准尺度，我们的人生才会真正出彩。

# 四十五　德与得

有一天，我到街上去购物，从长沙市韶山路的阿波罗商场走出来后，只见一位年轻妇女在路边摆摊卖内衣。我看了看，那内衣的质量也还好，价格也不怎么贵，就买了一套。当我在数钱给她时，她还在帮我将内衣装袋，还套了两个塑料袋子。看那样子，似乎这个人做事比较认真，服务也还热情。所以，我看也没有看，把钱付给她后，就提着塑料袋子回家了。可到家里打开塑料袋一看，哪有内衣的影子啊？只看到一包细细的青草。谁知道，她啥时候来了个"狸猫换太子"。当我随即骑上自行车返回去找她的麻烦时，那妇女早已逃之夭夭。这是我第一次遇到这缺德的小贩，幸亏损失不大。

事后我想，办企业，做生意，干工作，做学问，凡此种种何人不想一个"得"字，获得一定的收获呢？特别是企业家，追求的是企业经济效益的最大值。可是，怎么坚持不缺德，而真正"得"的舒服、省心和心安理得，就值得人们思考了。不过，经一事长一智，从此，我购物就多了一个心眼，因为对缺德的人还是要提防的。

在我国实行市场经济体制以来，市场经济大潮汹涌澎湃，商海中高手如云涌现，竞争之激烈堪称如火如荼。而市场经济配置资源的优胜劣汰，适者生存的原则，无不考验着每一个市场经济的参与者的智慧与德性。若不是隔岸观火者，就一定会有深切的感受的。在如此严峻的情况下，于是，聪明而不缺德的人们就丢掉"得来全不费功夫"的幻想，竞相研究新产品，开发新工艺，不断改进管理理念，不断提高服务水平。他们能真正把顾客当"上帝"，就真正赢得了市场经营的主动权，赢得了青睐其企业产品的各路"上帝"。有的甚至还不远千里主动跑上门来洽谈合作。结果呢，这些企业的经济效益、社会效益、人才效益等三个方面都非常看好。并且一大批名牌产品横空出世，且经久不衰，或者是新兴企业能够可持续发展而长盛不衰，或者是百年老店焕发青春。这就为繁荣市场，扩大内需发挥了非常积极的作用。他们也才真"得"之有道，"得"之潇洒。

可一个时期以来，只讲如何多得，而公然不讲道德（包括职业道德，社会公德，传统美德），甚至缺德的企业和老板也不少见。而且是屡禁不止，查而不尽。这些缺德的企业或老板无不给消费者或服务对象平添出不少的烦恼，甚至损害消费者合法权益的也并非个别现象。

如有的制造或贩卖假冒伪劣商品，挂的是羊头而卖着的是狗肉；有的短斤少两坑蒙顾客；有的干脆来个"狸猫换太子"让消费者花钱买吆喝；有的干脆进行金融诈骗，企图"空手套白狼"；有的不惜欺骗朋友同学玩起了传销的把戏，害得他人家破人亡；有的甚至不惜违法乱纪涉足黄、赌、毒，危害消费者，危害社会；有的还把嫖娼之类作为"服务项目"推出，以牟私利，败坏了社会风气；更有甚者，身为白衣天使，却与犯罪分子沆瀣一气干起贩卖婴幼儿的罪恶勾当来；还有更加可怕和可恨的是，身为大权在握的公仆却把官场弄成市场，干出卖官鬻爵的种种为人所不齿的犯罪行为来。

这些丑恶现象虽然是发生在少数地方或企业，或少数个人身上，可神州上下汇集起来，就不是个别的了。这些问题的发生，不仅危害了消费者，或服务对象的利益与合法权益，而且还严重地扰乱了市场经济秩序，影响到改革开放的发展。甚至毒化了社会风气，危及社会的安定团结，损害了我国在国际上的形象与信誉。

产生这些问题的原因呢，虽然是一言难尽的，但"缺德"——道德的缺失，恐怕是一个最重要的原因。这就对我们如何加强德的建设，加强社会主义核心价值观的教育提出了新的更高的要求。为此，我们各级党政部门，特别是市场执法部门要进一步地加大社会主义核心价值观的教育宣传力度。只有让人们形成想"得"必须讲德，不能缺德的共识，解决市场（商场、甚至官场等）缺德的问题才能有共同的思想基础，也才是化解问题的根本之策，也才有釜底抽薪之功效。

"忘德而富贵，谓之不幸。"因此，接下来的就是全社会都要进一步加强职业道德、社会公德、家庭美德等的教育与建设，要坚持以文化人，以德树人。一定要筑牢良好的职业道德思想基础。

同时，还要进一步加强市场经济中违法乱纪行为的打击力度。要行政的、法律的、舆论的"三管"齐下，让那些缺德的不法分子没有空子可钻。同时，也迫使德性不好的人能够悬崖勒马。还有，谁若继续我行我素地缺德，那一定要他一无所得，并且还要绳之以法，决不要心慈手软，决不搞下不为例。

唯有这样，商海横流方显出英雄本色。

# 四十六　心态与状态

我曾经听人说过这样一个故事：我们国家改革开放初期，那时还没有普及九年义务教育。一天，某记者到贫困地区采风，在某高原地区遇到一群放羊娃。于是，记者就现场采访了这群放羊娃娃。

记者（以下简称记）："你们怎么不去上学？"

看羊娃（以下简称娃）："家里没有钱送我们上学。"

记："那你们放羊后能干什么？"

娃："年成好时，就可以赚点钱，用来盖房子——娶媳妇——生娃子啊。"

记："然后呢？"

娃："这不，家里又添了娃，放羊又有了帮手。"

记："还有呢？"

娃："那我们就不知道了。"

记："原来是这样的啊！"记者一脸惋惜地叹了口气说。

娃："可以说祖祖辈辈都是这样的，"放羊娃见了记者的表情，又补充道："这没有什么奇怪的呀！我们这儿都是这样。"

见此情景，记者便也不再问什么了，对孩子们道了一声"再见"就结束了这次短暂的采访。

读了这采访后，网友们有什么感想呢？我的感慨之一就是：心态决定状态。换句话说，我们帮助贫困地区脱贫致富，必须激发贫困地区人们的穷则思变的心态。如果认为自己穷，只晓得向国家伸手，一切都是"等、靠、要"，那这个精准扶贫就没有扶到点子上。可以想见，这放羊娃所居住的地方，当时一定是教育比较落后，生产力也非常低的。人们也仅仅懂得"放羊——赚钱——娶老婆——生娃子——放羊"的简单生存道理。而这种长期以来形不成产业化、规模化的落后的生产方式，也养成了人们不思进取的心态。因此，贫困的状态也就无法根本改变，江山也就只能依旧了。

所以，有什么样的心态，就有什么样的状态。

我们以习近平总书记在县委书记研修班座谈会上表扬的县委书记中的又一个榜样——谷文昌为例，看看保持良好的心态是多么的重要。

据说，福建省东山县老百姓们自发地形成了这样一个习惯：逢年过节老百姓都要"先拜谷公，再拜祖宗"。这"谷公"是谁？为什么他比老百姓的祖宗还重要呢？原来谷文昌是河南林县人（1915年10月—1981年1月），他从1950年开始，在福建省东山县工作，担任这个县的县委书记十年之久。他为了战胜"神仙难治"的风沙灾害导致的贫困，带领干部群众艰苦奋斗。开始时，因为没有经验，奋斗几年试种了十几种树种，计几十万苗木都未成功，但他没有被失败和挫折压垮。他以"不治理风沙，就让风沙把我埋了"的胆魄和决心，带领干部群众摸索出"筑堤拦沙，种草固沙，造林防沙"的科学治理风沙的办法，最终以漫山的木麻黄树治服了"神仙都难治"的风沙灾害，让老百姓逐步走出了贫困。谷文昌就是以"不把人民拯救出苦难，共产党来干什么"的良好心态，完全彻底地为人民服务，以一种顽强的使命意识、自加压力的责任担当精神，才赢得了老百姓的崇敬。因此，人们概括的谷文昌精神是："坚定不移的理想信念，一心为民的公仆情怀，求真务实的担当精神，艰苦奋斗的优良作风。"这种精神一直鼓舞着人民群众奋勇前行。我们不难理解，没有谷文昌不忘初心，坚定求变的心态，就绝不会有改变东山贫穷的昂扬状态，也就更没有青山绿水的靓丽状态展现在我们面前。

由是观之，我们要扶贫致富也好，要改变落后状态也好，或者要干出一番事业来也好，心态是第一位的。有什么样的心态，就有什么样的状态。因为人总是要有一点精神的，这精神就是由心态决定的，我们如果没有进取、奋斗、为民的心态，又何来精神抖擞的工作状态与顽强拼搏的奋斗状态？只要有了这坚定不移的良好心态，就可以像谷文昌同志那样治理好"神仙也难治"的各种各样的灾害，也才能将落后状态转变为欣欣向荣的发展新状态。

因此，在我看来，要扶贫致富，第一位的是要帮助贫困地区的人们改变"等、靠、要"的心态，唯有振奋精神，提振人心，这才会穷则思变，才会借助政府或社会各界扶助的资源来改变落后的状态。

由此及彼，我们干任何事情，无不是由心态来决定的。心态好，工作状态就好，工作状态好，工作业绩也一定会好。就是这样一个良性循环，激励我们砥砺前行，也才有如谷文昌这样百折不回的毅力与耐力的。而我们要一以贯之地保持好的心态，对于公务员来说，第一要强化使命意识。就是要如谷文昌那样必须把为人民服务作为我们的神圣使命，这心态就会是斗志昂扬的，活力也就越来越强，也才会心无旁骛地去思人民群众所思所需，急人民群众所急。一个使命意识不强，从早到晚或从头到尾都是怨天尤人的人，是绝没有好心态的。即使有时心血来潮激动一下子，可是一遇到挫折就会像泄了气的皮球一样，就弹不起来了。所以，加强使命意识是头等重要的。第二是要强化能力意识。我们公务员能力越强，工作就越有作为，心态自然就天天开朗，进一步改变落后状态的劲头就一定会更足。第三，要强化长期作战意识。我们要时刻懂得，对于每完成一个阶段的工作任务，甚至每达到一个五年经济社会发展规划的目标，都只是"万里长征走完了第一步"。要知道，人类奋斗只有逗号，永远没有句号。为人民服务是没有止境的。因此，有了长期作战的意识，我们就能长期保持"小车不倒只管推"的良好心态，学习与工作也就年年会有新的状态。

让我们以谷文昌为榜样，永远保持良好的心态，去赢得一个又一个的好状态吧！

# 四十七　用心与用人

我记得，小时候读书时，老师和家长们都对我们再三强调：读书，不要三心二意；听课，不可心不在焉，一定要用心。当我们参加工作后，单位党政领导总是要求我们工作上不可粗心大意；为人民服务，必须全心全意。换句话说呢，就是学习也好，工作也好，交友也好，必须用心。

因心为思之官，如果没有心，就会沦为一只无头苍蝇了，也就折腾不出什么名堂来。人生也就不会有什么出彩之处了，岂不哀哉！大凡有作为的人，无不是用心做人为事的。所以也才有这样的联语：

用心人，百折不回，克勤克俭，汗水换来百业兴旺；

无志者，左右为难，挑三拣四，幻想只落一事无成。

所以用心人，总是能够坚持做事小心翼翼，执业心无旁骛，交友将心比心。因此，他们干什么都是胸有成竹的，也就能够达到心想事成的最佳境界。

而他们所用之心，就是全心全意为人民服务之心，是天下为公之心。我的体会是一个真正能把心用在人民的事业上，用以为他人的幸福、快乐着想的人，就必然是学习用心、工作上心、为人热心的人。所以，他们也就开辟了一条成功之路，人生也就更加光彩夺目。如我国杂交水稻之父——袁隆平先生，率领他的团队，几十年如一日地奋斗在田间地头，用心研究杂交水稻，为解决人类粮食危机做出了世界上至今没有人能超越的成就。如今九十高龄了，仍然奋斗不止，又在新的超越上砥砺前行。还比如我国核潜艇之父——黄旭华同志被秘密抽调从事我国核潜艇研究的带头人工作后，曾经离开亲人隐姓埋名用心地进行了三十年的艰苦科研工作。为了尽心尽力地搞科研，他二十八年没有回老家看望自己的母亲，被家人误解是不肖子孙。就是他这样的用心，才让我们国家成为拥有核潜艇的五个国家之一，才没有辜负毛主席"一万年也要搞出核潜艇"的重托。他对事业用心的程度真正是难以言表的！用心才有作为，用心才能成就梦想。

从对用心的衷情，使我这个曾经的老人事工作者，想到了用人也必须用心的问题上来了。因为，为政、兴业之道贵在用人。特别是人才已经成为第一资源的当今时代，更加要发挥各类文武人才的作用。因为，我们用心做事只是一个方面。现代社会不同于农耕时期，仅靠孤家寡人一个来用心做事是不行的。那将是孤掌难鸣，独木难行的。也是成就不了大业的。只有用心团结人才，用心凝聚人才。才能形成"众人拾柴火焰高""众人划桨力量大"的优势。

而用人的事呢，只要用心去做也是完全可以做好的。这用心就体现在：一有慧眼识人才的本事；二有敢于用人才的胆略；三有科学管理人才的制度；四有激励人才积极性、创造性的机制。这才算我们在人事工作上真正用心了，其效果也就会越来越好，事业也才越做越大。

以谷文昌同志为例，当年福建省委的领导将其委任东山县委书记，一干就是十年，真正是看准了，用好了。如果他开始失败了，上级就此不加分析地将其以"不称职"的理由调离或免职，那后来任职的书记可能就不敢再去碰那"神仙也难治"的风沙灾害了。所以，用人是否准确，实践是最好的检验。谷文昌真正遇到了知人善任的好领导，所以他干事业就有了底气。

用好人，团结人，用人不疑，疑人不用，人尽其才，才尽其用。是我们用心工作的一个不可或缺的重要方面。特别是对于身负一定领导职务的同志更加要重视人才队伍的建设，决不可掉以轻心。如果我们平时能够少发生，甚至避免发生"萧何月下追韩信"的故事，而是多一些"三顾茅庐"的佳话，我们就一定能够广得天下英才，事业也会干得如火如荼。

用心做事，用心聚才，两者紧密融合好了，我们就会像鹰得长空，可击千里之遥；又似鱼儿得水，能行万里之远。这是早被先哲们在实践中所证明了的真理，也是毋庸置疑的规律。

# 四十八　舍得与舍不得

舒服是我们时常见到的一个词。如，我家属的饭菜做得好，每天让我吃得很舒服，真要感谢她的好厨艺。昨天，天气突然变冷，我懒得回去加衣服，结果感冒了，害得我头疼脑热，好不舒服。所以，人们总是喜欢舒服的事能够多多益善；希望不舒服的事不要发生或少发生。

但怎么样才能可以使人舒服呢？

我们先来看看这个舒服的"舒"字吧，它是由左边一个舍得的"舍"字加右边一个给予的"予"字组成的。我们欲想舒服，就必须"舍予"。"舍予"得越好，舒服的感受就一定会越多。

这就不难理解了，原来只要敢于和善于"舍予"就可以换来舒服。

在工作上舍得下功夫的我国FAST（500米口径球面射电望远镜）天眼之父——南仁东同志（1945—2017），呕心沥血二十载，带领他的团队，战胜无数艰难险阻才让FAST于2016年9月25日在我国的西南，苗岭深处睁眼。它的竣工又为我国添了一件大国重器，傲视太空，深探苍穹。南仁东毫不吝啬的胸怀为建设创新型国家、建设世界科技强国做出了突出的贡献。没有他的舍得，就不会有他无私的奉献，也就没有他精彩的人生。他梦寐以求的理想实现后的一年，他就离开了我们。这就是在事业上舍得奉献一生的榜样啊。他的付出使他获得了"2016年中国科学年度新闻人物""CCTV2016科技创新人物""全国创新争先奖"多项荣誉，被誉为时代楷模。

还有来自广东湛江，被媒体誉为"海水稻之父"，被袁隆平称为"国内最早发现耐碱性、抗病性强、生命力强的野生海水稻的专家之一"的陈日胜，从湛江农业专科学校毕业后，1986年11月的一天，他和其老师罗文烈教授在野外普查湛江红树林资源时，在茂密的芦苇地里发现了高1.6米，似芦苇却结穗的植物，他从这株植物上细心地获得522粒种子起，就开始了他的海水稻研究。30多年的时间他舍得付出一切，孜孜以求，一心一意地扑在研究繁殖野生海水稻上，终于取得令世界震惊的成就。如今在杂交水稻之父的亲自率领下，陈日胜干得更加起劲了。据统计，我国可改造成海水稻田的盐碱地约3亿亩，现在试验田种的海水稻亩产已经达到621公斤。如果全部推广开来，其收获就不是一个小数字了。陈日胜艰苦的30年之"舍"，得到的科研成果真正是了不起的，将为人类造福无穷。

舍得是一种美德，也是一种良好的修为。舍得就舒服，已经成为各类先进人物的又一共识。他们有无私奉献的劲头，才成为在名利、地位、金钱上非常舍得的人。默默无闻地舍得获得的就是轰轰烈烈的祝贺，心情也就无比舒服！

没有千千万万的先烈舍得抛头颅洒热血的壮举，就不能获得全中国人民的彻底解放；没有一代又一代地舍得艰苦奋斗建设新中国的工农商学兵，就不能获得新中国由富起来到强起来的伟大进程。圆中国梦的宏伟目标，仍然离不开舍得、舍得、再舍得的精神，在我们一代又一代的后来人身上发扬光大。

当然，在面对国家或集体的财富时，我们一定要舍不得，厉行节约，浪费可耻！更不能把公共财物据为己有。

在紧张的学习时，一寸光阴一寸金。这同样要舍不得，要坚持惜时如金，何况在时间就是财富的现代社会，更加要珍惜这宝贵的分分秒秒，才是高明之举。

在繁忙的工作中，我们更加要认清每时每刻所承担的责任与风险，一定要舍不得来之不易的岗位，要抓住机遇，勤奋工作。

在科研中，对国家或集体投入的科研经费我们一定要舍不得，珍惜地把一元一分都要用在科研工作的刀刃上，以不辜负人民的重托。

我们经过一定交往建立起来的同事、朋友情谊一定要舍不得淡化，甚至丢失与破坏。友谊天长地久，我们事业也会兴旺发达。

就连我们个人花钱请客吃饭，除要热情款待客人外，也要注意"舍不得"，即不要奢靡浪费，珍惜粮食等社会资源要成为我们良好的生活习惯。

对于共产党员来说，同志们在指出了我们思想工作上的不足时，千万要舍不得这些逆耳之言的珍贵。必须认真反思，以求不断地纠正不足，丢下包袱，轻松上阵。

说来说去，我的体会是为了事业和进步，为了朋友间的情谊，我们一定要舍得，才可舒舒服服地去迎接新的收获。只有应该舍不得时，一定要坚持舍不得，就是别人讲我们是吝啬鬼，我们也会心安理得。

　　而舍得与舍不得也是一种人生艺术。但它不会与生俱来，需要我们在人生路上不断学习与探索，就一定能摸出其规律来。如果一时弄不明白，就向雷锋、钱学森、焦裕禄、谷文昌、杨善洲、邓稼先、袁隆平、黄旭华、南仁东及无数的先烈们虚心地学习！

# 四十九　用人与育人

人为事之本，事在人作为。无论党政机关，还是企事业单位要把所承担的事业做好，都离不开优秀人才的支撑。尤其是人才已经成为第一资源的当今时代，人才资源管理已从传统管理的事务性管理转向战略性管理以后。怎么样以战略眼光、战略思维去积极探索人才资源管理与开发的新理念、新方法、新技术，全面推进人才资源管理模式的变革与创新就显得越来越迫切。因此，怎么样用好人才，凝聚人才就成为我们的当务之急，成为发展这第一要务的最重要因素。

但在如何用人方面，一些单位也曾经有过不尽人意之处。因此，有人针对用人不公的现象写下了这样一副对联以调侃：

说你行啊，你就行，不行也行；

说你不行，就不行，行也不行。

横批：不服不行。

这对联所调侃的现象，绝不是空穴来风。

我们真正要充分发挥各类人才的作用，以下两个问题是我们必须要重视的。

一个是怎么样用好人才。既不能大才"小用"，也不能小才"大用"。大才"小用"，好比用牛栏去关猫，会白白地浪费资源不说，还因导致人才埋没，进而挫伤人才的积极性；小才"大"用呢，也不妙。如小驴承担不起千斤重物，势必耽误工作。

而人们为了能够做到适才适用，人事相宜，通常的做法是"相马"与"赛马"两种用人方法。

就"相马"这个方式来说，因为千里马常有，伯乐却不一定常有。倘若我们缺乏慧眼识才的艺术，就很难选准、用好人才，也许弄不好还要埋没人才，一大批优秀人才会难以被发现。同时，任人唯亲的现象也会乘虚而入。此法的弊端也是显而易见的。

而"赛马"这种办法我认为是比较科学的。比如选派人才上下挂职锻炼，参加科技扶贫、文化下乡等活动，或有意让其处理工作中的难点问题等，在这些实践活动中锻炼人才的同时，去发现人才，使用人才，这样就可以比较出谁的思想政治过硬，谁的工作能力更强，谁的工作作风更实，谁在群众中的口碑最好。这样几经比较选拔出来的人才，委以重担就更加会干得好、靠得住、放得心。如果"赛马"中还辅以发动和依靠群众举才就更加全面了。俗话说"群众的眼睛是雪亮的"的，我们应该大胆相信群众的推介。要以组织考察与群众推介相结合的办法来任用人才。这样可以从多方面防止用人不当的问题发生，防止少数人说了算的现象发生。埋没人才的现象就可能会少发生，或难以发生。这样也就可以形成公正用人的制度，真正实现人尽其才，才尽其用的目的。这对于事业的发展是具有非常重大的意义的。同时，用人还有一个用得其时的问题需要注意。美国威斯康星大学的研究人员对96个人进行解决日常问题能力的测试研究，其年龄从20-70岁不等，从而得出睿智期的顺序：40-49岁，30-39岁，50-59岁，再者是60-69岁，此年龄段的智力与20-29岁差不多。70岁以后智力有衰退的现象发生。不难看出：40-49岁时，正是年富力强阶段，也正是发挥他们才干的最佳时期，应该根据德才兼备的标准启用好。如果我们能够及时地把处于睿智高峰期的、年富力强的人才用好了，其效果是显而易见的。这也是符合干部队伍建设年轻化的原则的。这就要求用人单位与组织部门必须克服论资排辈的思想，能够大胆启用优秀的青年才俊。

此外，为了达到人事相宜，必须建立起公正、公平、公开的人才评价制度，以求评价公正，劳酬相符，激励到位，让人才作用发挥得越来越好。

另外一方面呢？在知识经济条件下，由于知识更新的速度越来越快，人才培育又成为人才资源开发的重大课题。所以在公正用人的基础上，紧接着的就是要抓人才的培养教育。"要想马儿跑得快，哪有马儿不吃草？"因此，要根据事业的需要，人才知识的或缺程度做出培训规划，坚持缺什么补什么；需要什么内容，就培训什么内容。一定要防止"知识恐慌""能量不足"导致的人才"理论贫乏、思想僵化、能力弱化"等问题的发生。培训工作抓好抓实了，"为有源头活水来"，人才也就如虎添翼。

同时，还要坚持"训用结合"的原则。对于学习比较自觉，工作尽职尽责，学习效果、工作效益双丰收的德才兼备的优秀人才要及时选拔到重要工作岗位，或担任重要工作的领头人。让学习好、思想品德好、工作业绩突出的人才，在培训后更加得力，这样用人与育人紧密结合了，人才、经济、社会等三个效益就一定会令人更加满意的。

育人中还有个问题是必须解决好的，这就是谁对学习负责的问题。我的看法是，解决育人问题中的第一负责人是人才本身。其责任是要把"要我学"转化为"我要学"。才有自觉学习的动力，学习也才有真正的效果。解决育人问题的第二负责人，就是人才所在的单位。其责任是安排学习时间，提供学习资源与学习机会，检查学习效果，开展学习竞赛活动等。这件事抓实了，就会出现"昨夜江边春水生，艨艟巨舰一毛轻。往日枉费推移力，此日江中自在行"（朱熹《观书有感其二》）的新气象。

时代呼唤人才，人才需要学习。做好用才育才的工作是发挥各类人才作用的需要，更是新时代我们所承担的历史使命的召唤。一定要认真实践，认真探索，必须创造出更多的有益经验来，以不辜负时代的需要，不辜负人民的期望。这真是：

> 用人以公得贤才，
> 育才工作跟过来。
> 人事相宜兴伟业，
> 众人努力忌徘徊。

# 五十  远与近

小时候听大人说："人无远虑必有近忧。"可那时懵懵懂懂，也不知道大人们说这话的内涵与用意，就这样糊糊涂涂过来了。

直到参加工作后，才慢慢体会出这句话的真正含义来。

远虑，一方面，是要求人们未雨绸缪，看问题，办事情都必须早有准备。决不可想上厕所了，才想起挖茅坑，那就为时晚矣。就是要求人们做任何事情都要有一定的准备，才不会发生预想不到的"近忧"。比如，有一天，我到长沙某百货公司给员工上职业道德的辅导课。已经开始上课十分钟了，突然有人咚咚地敲门，培训部的老师开门后，告诉这位员工："今天算你旷课，不能进来上课了。"那迟到的员工连忙解释："老师对不起，是路上堵车了。""这不是理由，天天这个时候都堵车，可是公司纪律规定必须天天按时上下班啊！"培训部长语气坚定地回答员工后就把门关上了。那位迟到的员工也就只能缺课了。

我接着继续上课时，就借这事说道："刚才迟到的员工就可能对'未雨绸缪'这个成语不够了解。我们是不是每天都在考虑上班堵车怎么办？思考的结果是，有的员工就坚持早点上路，摸索出一定的时间规律来，就避免了迟到现象在他们身上出现。有的可能就是无所谓，也就照样迟到。因此，这里面就有'人无远虑必有近忧'的因素。"员工们听后，都比较赞同我的观点。

这迟到虽然是小事情，但对于培养"紧张、活泼、严肃"的工作作风却是非常有害的。因此，必须及时纠正。至于一些重大的事，一些比较复杂的事，我们不能未雨绸缪，就必然不能取得工作的主动权，有时还可能造成重大的失误。

"远"的另外一方面呢，就是要求我们必须具有深谋远虑的战略思想。当年在那样困难的情况下，不是毛主席高瞻远瞩，下死决心，作出研制原子弹、氢弹、核潜艇等的英明战略决策，可能我们中国就没有今天在国际上的如此之高的地位了。又比如，现代社会的城市管理，必须深谋远虑。决不能是"草鞋无样，边打边像"的。必须以依法治国为准则，精心筹划，从长计议。对城市中的各项治理必须瞻前顾后，左思右想地精心考虑。这样我们在具体工作中，就有了底气，也就可以前不怕狼，后不畏虎了。也更不怕会出现什么"近忧"了。即使临时发生什么突然变故，我们事先有预案备着，仍可处变不惊。有时可能会困难重重，但仍可有条不紊地泰然处之。在这个问题上，临武城管队员伤害瓜农的教训太深刻了，我们必须引以为戒。

还有，现在我们国家实行市场经济体制，有的企业或私企老板，就没有长远考虑，只想如何从顾客那里捞一瓢，可是结果恰恰相反，没有长期的优质服务，就想一个早上要发大财，除非个别买彩票中奖外，天下没有这样便宜的好事。只有天道酬勤，没有哪个靠投机取巧成功的。

有识者呢，却有他们的作为。比如河北正定县在旅游上推出"免费经济"——停车、观光电瓶车、饮用水等都是免费的。这一"谋长远"之举传开后，不仅吸引了周边市的居民，连北京、天津等地游客也慕名而来。从2017年开始这个县还拆除了临街机关事业单位的围墙，免费开放内部停车场、厕所、开水间等，无不被游人拍手叫好。我们可以预料该县的旅游产业收入一定是与日俱增的。因为这是有远见的、"放小抓大"战略的生动体现。在这个县的领导看来，发展旅游产业靠一锤子买卖是不能如愿以偿的。必须打有质量、优服务的持久战，才能推动旅游事业的可持续健康发展，这是非常有远见卓识的。

所以，人无远虑必有近忧，这是至理名言，这是不可违背之正道，是需要我们必须踏踏实实地去遵循的。连老百姓都知道"晴带雨伞，饱带饥粮"的道理，其中就包含着免除近忧的哲理。也就是说，干什么都要时刻准备好，我们就没有什么后顾之忧了，还怕什么近忧呢！

从另外的角度，来认识"近"呢，它是与"远"相对应的。要把事情办好，必须注意以下几点：

我们看问题不要太"近视"了，必须进行实事求是的全面分析、考察，不可浅尝辄止，不可只见树木，不见森林。

我们做生意不要急功近利，要从长远计议；名利当头、公职在身，千万不要"近水楼台先得月"，也千万不能只扫门前雪，不管他人瓦上霜，这才显得我们是有道德与修为的人，才不至于被别人另眼相看。

而对于远亲不如近邻的公序良俗来说，这个近邻是必须珍惜的朋友。如果连近邻的关系也搞不好，那为人就非常成问题了。我们一定要用一份"愿亲安、也愿邻好"的健康心态，来处理好邻居关系。在邻居面前我们必须彬彬有礼，必须注意谦让。邻居劳动致富或其家人得到职务、职称上的晋升，我们表示祝福；邻居有困难我们应该伸出援手，尽力帮助。决不可充耳不闻，视而不见。近邻中可能有的人个性不尽人意，我们也不要计较，生活在一起就是缘分。自己有了过错时，不要文过饰非，要以实际行动加以改正，以消除影响团结的因子。在与邻居的友好的关系上是要从长远计议，左右兼顾。决不可图自己舒服，马马虎虎待之的。

对于自己的父母是近在眼前，要放在心中。即必须孝字在先，对父母尽孝是理所当然的责任，是不能图报酬的奉献，那些不肖子孙的行为只能伤害父母，必然会遭到良心与社会谴责的。

对于近在身边的领导，我觉得除了工作上服从领导安排，听从领导指挥外，也不宜"走"得太近，要保持一点距离。以免损害领导形象，以免给自己带来负面效应。这也是防止和警惕"团团伙伙"在团队中发生的必然要求。这样，可以防止领导与被领导者之间出现亲疏关系，可以避免影响团队团结的现象发生。倘若一个单位领导与被领导者之间出现亲疏各异的现象，那这个单位一定会是山头林立的，那么工作中也就会是锣齐鼓不齐的，事业必然要遭受损失。至于个别领导交办的事情，如果是违反法律、纪律的，一定要坚持原则，不能迁就。这也是下级爱护上级的起码要求。

行文至此，笔者想起了宋朝苏轼《题西林石壁》这首诗："横看成岭侧成峰，远近高低各不同。不识庐山真面目，只缘身在此山中。"可以想见，一个人生活在社会上，会遇到各种各样的"庐山面目"，而要区别这些"面目"的远近高低，或是真是假，无不是对我们的严峻考验。因此，我们要做到游刃有余，还是必须老老实实地虚心学习与实践，才是最有效的途径，这远近观也才会符合马克思辩证唯物主义思想。

# 五十一　金钱与精神

除了不懂事的小孩子，谁都知道，一个人或一个家庭，要生存下来，并且还要好好地生活，不能没有钱。如果没有钱，就没有最基础的生命保障，那还奢谈什么人生价值啊！因此，小时候大人们就告诉我们小孩子，人是不能偷懒的，必须学会挣钱，以养家糊口。按照我舅舅的话说："天上有掉下来的，你也要早些起来去捡。"大人们信奉的是"早起的鸟儿多吃虫"。我还记得旧时，农村老百姓家里堂屋的香府上，贴的一副对联："两条路径日耕日读唯勤俭；一炷清香毕恭毕敬待祖宗。"这对联的意思呢，一方面，是告诉人们无论读书或耕作都必须克勤克俭。另外一方面呢，是指为人后代必须有孝心，不仅善待在世的长辈，就是对已经去世的列祖列宗，逢年过节或办红白喜事都是要祭拜的，以继承传统的家庭美德。大人们还告诉我们不要乱拿别人的东西，说是"小时偷针，大了贼精""七十二行，贼字难当"。用现在的话来说，就是君子爱财取之有道。即使身无分文，寸步难移时，也不能去偷，更不能去抢。要通过勤俭劳动去赚钱，通过平时省吃俭用去聚财。就是这样一些良好的家教，让我从小就懂得了"劳动光荣，懒无出路""行行出状元，贼人切莫学"及"不能见钱眼开"的简单道理。

同时，也让我养成了勤快的好习惯。记得读小学开始，每当放学或放假后，我都能主动地帮助家里干活。如照看侄儿、挑水、捡柴、斩柴、看牛、扯笋子、打猪草等，样样都乐意去做。而每当家里生活特别困难时，也知道父母亲的艰辛，饿时跟着大人一起饿，不吵不闹。记得1956年春天下红薯种的时候，我们家没有米下锅，我母亲一大早就饿着肚子到菜园里劳动去了。我就去菜园里找我母亲要东西吃，她实在没有办法就把下在地里的红薯种，又挖一个出来给我解饿。直等到中午，我大哥上午在河里捕了鱼，到镇上卖掉后才买回几斤米，这才有了米煮稀饭，一家人也才有的吃。有时就是喝两三碗清汤寡水的雷茶也算是吃了一顿饭。那时，每当青黄不接，就基本是这样艰难度过的。

现在回忆起这些经历，仍然是潸然泪下。我读高中二年级的暑假，我家里的顶梁柱——大哥不幸因病去世，没有了学费来源，我就与仅比我小两岁的侄女到山上砍柴，然后用小船装了到我初中的母校去卖，一个暑假我们两个人累得要死，砍的柴仅仅卖了5元钱，觉得这钱真正来之不易。可就是这些艰苦的岁月告诉我：人再穷，志气一定不能短。没有钱不能走歪门邪道，只能老老实实劳动，才有靠得住的收获、才可挣来用得放心的钱。

其实，现在想起来。经济比较困难时，勤俭节约是非常需要的。但不能仅止于此，一定要有穷则思变的意识。所以，家里人也意识到，我们家祖祖辈辈穷苦就是缺乏读书人，做死功夫是难以发家致富的，所以一定要送我上学。当时我大哥的女儿、儿子也正是读书的年纪。可是如果全部都上学，家里又拿不起学费。为了保证我继续上学，于是他们两姊妹读完初小就辍学了。后来，国家发展了，家里条件也大有好转，其他几个哥哥的儿女们也一个个以我为榜样，发奋读书，再加上国家的"三农"（农村、农业、农民）政策的不断完善，又逢改革开放的东风劲吹，如今，我们这个大家庭里的每一个小家庭都过上了小康生活。这首先要归功于我们国家好，归功于中国共产党好，也归功于我们家庭的传统美德的熏陶——勤劳致富、忠厚传家。还靠家里重视一代又一代小孩子的教育。

因此，我们要赚钱，要发家致富，除了国家不断强大，为我们创造了和平幸福的创业环境外，还必须要有一种良好的精神作支柱。我体会到，这精神包括这样几个方面：

穷则一定要思变。即在坚持勤劳致富的基础上，还要借助知识、借助科学技术的力量，去推动快富、推动可持续的富。如果，我们要"变"的志气越大，而能"变"的本事又多，改变贫穷状态的进程就越快而又持久。不然，就如我们乡里人所说的那样，这样的人就是"难贴上壁的稀泥巴"，又何来致富之有？

一是必须坚持立德促富不动摇。不论我们从事什么工作，也不论我们干什么事业。一定要坚守职业道德、社会公德、家庭美德。要靠为他人提供良好的服务、提供优质的产品等求得我们自己的合法收益。要坚持赚良心钱、赚干净钱、赚放心钱。比如，小时候家里捕了鱼，如果一时卖不出去，但只要看见鱼不新鲜了，就不去卖了，是绝不把变质的鱼虾卖给别人的。大人说，缺钱用，可以去赚，缺德就是没有良心的人，我们家里的传统美德不允许这样做。所以长期坚持宁愿缺钱也不缺德。

二是必须坚持有钱一定不浪费。一方面，赚钱很不容易；另外一方面，铺张浪费与勤俭持家是背道而驰的。再多的钱也经不起败家子的折腾。如我有个侄女婿，生意做得好。现在，对于他来说，钱只是一个符号而已。可是他穿的不是名牌，吃的非常简单，用的也与普通老百姓没有什么差别。餐桌上的剩菜剩饭他都是非常舍不得的，所以他富了也非常注意节约，这就是一种美德。因此，财富的积累也就有了好的思想基础。

三是必须坚持为富以后一定要仁义。要懂得，赚钱虽不容易，但千金难买仁义。这就要求我们有了钱以后，一是不要炫富，世界上有钱的人不是一两个，可能比我们钱多的人多得无法统计，所以再富也没有什么了不起的，要注意谦虚谨慎。否则，可能因炫富而招祸端。二不要吝啬。抗洪抢险、抗震救灾、扶贫帮困这些善举应该积极参与，要坚持有一分力，出一分力；有一丝光，发一丝光。我们多赚钱是为了事业发展，有利于国家发展，也体现我们的人生价值。何况我们"夜眠，不过三尺床；日食，亦仅三餐粮"。能够将自己的财富奉献给国家和社会上急需钱的、暂时贫困或暂时有困难的人们也是一种美德，一种为他人着想的善良。何乐不为？所以在钱的问题上。我们一定取之有道，用之亦有道，我们就不会被钱所困了。

四是正确的金钱观一定要树牢。也就是说一个人无论钱多钱少，都不能掉进钱眼里，而一发不可收拾。历史已经无数次地证明，古今中外没有一个贪污腐败分子不是掉入钱眼里去，进而贪得无厌，才导致身败名裂的。前事为师，后事不忘。同时，我们也不能陷入"有钱能使鬼推磨"的陷阱，历史上有几个用财物去行贿而流芳百世的？留下来的无不是臭名昭著而已。我们必须引以为戒。

总之，我们要好好体会先辈们留下来的"忠厚传家远，诗书继世长"这一道理，唯有这样，我们就能正确对待金钱，也就才有做人的精气神，人生的航向就不会偏离。

# 五十二　虚心与嫉妒

大凡身心健康者，都有实现自己人生价值的基本要求。这也是人之所以区别于动物的根本之点。可是要实现这一良好的愿望，还必须重视修身养性。我国的传统国学里就有"修身、齐家、平天下"的说法。也就是说，我们要安邦治国，必须要修身。我们要干一番事业，也必须修身。按照如今的话来说，就是要加强个人的思想建设。是共产党员就是要按照中国共产党党章的要求去认真履行党员义务，成为人民群众所满意，甚至所赞扬的一员。也就是说，我们要改造客观世界，必须改造主观世界。

要达到上述要求，我从自己的经历中体会到，这改造主观世界的修身养性，即不断地提高思想觉悟的实践中，有一条非常重要，这就是必须加强虚怀若谷的修养，坚决克服影响我们思想进步的嫉妒心理。一个人，如果不严格要求自己，只知道两只眼睛鼓起瞪着他人，那是非常有害，甚至是非常危险的。

还记得，当人们正在唱着《只要你过得比我好》的流行歌曲时的1992年11月，在湖南长沙市却发生了一起震惊全国的雇佣杀手杀害竞争对手的商界谋杀案。经过公、检、法部门的艰苦努力，第二年雇主赵自伏及杀手李海奇被正义的枪声送上了西天，几个同案犯也都受到了法律的制裁。案起的缘由，就是赵自伏嫉妒同在他旁边做生意的被害人刘高武抢了其生意。于是，由平时的口角发展到雇佣他人谋杀。真正是无巧不成书，赵自伏不就这样"自伏"了吗！这是典型的嫉妒至死案。既害了他人、危害了社会，也丢了自己的小命。这是我们不能不引以为戒的！

实践证明，嫉妒是毒药，它毒化人们的灵魂，伤害人们正常的进取心。如嫉妒他人凭诚实劳动致富、嫉妒他人学习成绩好、工作效益好，嫉妒他人晋升职务快等，甚至连别人比自己漂亮也心里过不去，凡此种种嫉妒现象，都是不健康心理在作怪。赵自伏不就是最典型的被嫉妒所害吗？我们一定要把嫉妒心理作为修身养性的拦路虎来对待，坚决予以消灭。按照先哲们的教诲："心不可不虚，虚则义理来居；心不可不实，实则物欲不入。"（见《菜根谭》之"虚心明理，实心却欲"）用现在的话来说，人一定要有虚怀若谷的胸襟，只有谦虚谨慎才能获得真知灼见；人一定要坚强执着，意志坚定，那样才能不受名利的诱惑。唯有这样的境界，我们的嫉妒心才能根除，也才不至于妒火中烧。也只有这时，宽宏大量、胸能容物的境界就形成了。因此，我们加强思想修养时，必须把克服嫉妒心理放在一定的位置，努力提高看人视物的辩证唯物主义思想觉悟。能够从内心出发，正确看待和对待比自己强的人。如他人学习、工作进步了，或事业卓有成就，我们一定要打心眼里佩服他人。只能奋起直追，决不能有不服的心理作怪，甚至心生嫉妒，步入歧途。如在1983年的机构改革中，通过投票与领导研究确定我们单位有一批同事得以提拔为处长或副处长。我当时到这个单位工作也才两年，据说我的民意测验得票比一些来得比我早的同事还多，但党组从全面考虑，这次，我没有得到晋升，但我没有一点嫉妒心理，也不埋三怨四，还是一如既往地努力学习与工作。到1985年就被提升为副处长。如果我不能虚心向同事们学习，努力工作，也许还停在原地不动。因此，嫉妒之心是千万不可有的。

我们坚持虚怀若谷就是要知道自己的不足，知道自己应该怎么样继续努力进取。而不是一看见他人进步了，就闹情绪，撂担子，撒手不干。而是要真正懂得自己在工作上要不知足，学习上要知不足。这样就总认为自己只不过是半桶水，没有什么资格和理由来向组织讨价还价。这样我们就会毫不动摇地继续发奋学习与工作，就有把名利丢在一边，而只为了事业去奋斗的自觉。也只有这样，我们就一定能心甘情愿地，自觉地为事业的发展而发出我们的光，奉献我们的热。

所谓虚怀若谷，我认为还有一层含义，就是要目光远大，不要老是盯着自己的鼻子，而是要有大局意识，从长计议的意识。今天，我可能比别人落后了，不要紧，抓紧追赶就是。我们要比，就比看谁的工作劲头最持久，看谁的贡献最大。只有这样，我们的斗志就一定可持续地保持旺盛，也就不愁干不好事业。真正干好了事业，有了作为，我们就一定会有地位——社会认可，单位满意。而事业呢，这是需要我们大家一起去奋斗的。明白了这样的大道理。我们个人的利益就微不足道了，我们心里也才最舒坦，工作也才会更加愉快。

说一千，道一万，就是要按照毛主席的"谦虚使人进步，骄傲使人落后"的教导去改造我们的主观世界，我们的进步就一定是显著的。否则，我们的人生是难以出彩的！

# 五十三　个性与共性

　　我小时候的个性是比较犟的，一遇到什么不顺利的事，就喜欢发脾气。如到山上砍柴，在捆柴时一下子捆不好，我就干脆把砍的柴火丢得乱七八糟的，坐一会又慢慢地去捆。有时挑水，不小心水桶撞到障碍物了，水洒出了些，一气之下我就把水全部倒在障碍物上，口里还念念有词："让你喝个饱！"在我读高小的时候，有一次家里没有来得及做早餐，我就上学去了。后来家里委托一个走在我后面的同学把饭菜帮我带到了学校，可是我就是任性不吃，晚上放学后，仍然把原封未动的饭菜又提了回家。这一饿，就是一整天。到高中时，脾气还没有怎么改，写字时，不小心墨水滴到作业本上了，我一生气就把笔尖使劲在桌子上凿，直到写不得了才放手。我脾气不好在同学中间是有名的。就是这样的犟脾气使自己吃了不少的苦头，害得家里人也时常不得安然。

　　因为我这犟脾气，邻居都说我会冒得出息，说是江山易改，本性难移。

　　那么，七十年多过去了，我的个性怎么样了呢？我急躁的性格虽然存在，但犟脾气已经荡然无存了。因为，上大学后，学校推荐我担任班上的团支部书记，我就慢慢体会出脾气犟了不仅于事无补，而且还会影响学习与工作、影响同学之间的团结。我觉得如果不努力改掉自己的犟脾气就会辜负学校党、团组织的期望，在同学中也就会失去威望。做不好团支部的工作，就会影响到整个班级。因此，每当发生不愉快的事情，我都以身作则来严格要求自己，不和同学们发生争吵，在劳动与学习时都能够起一定的带头作用。只有一回犯了"任性"的毛病，就是系领导知道我家里非常困难，给我补助20元钱，我就坚持不要补助。老师拿过来，我又退回去，始终不愿接受。老师也没有办法，只好作罢。

　　所以，这本性能不能移，关键还在于思想觉悟的不断提高。尤其我后来参加工作后，不断学习科学理论，不断向个性修养比较好的同事学习。特别是加入中国共产党后，坚持以共产党员的标准要求自己。坚持自觉地把个性融入共性、坚持个性服从于党性，这样犟脾气也就慢慢地被"移"掉了。如在担任单位办公室主任期间，我通过学习《办公室手册》一书，懂得在办公室要承上启下，要发挥参谋部、后勤部、司令部的三大作用的道理，我必须和办公室十几个同事和谐共事，必须要为全厅一百多人好好服务，以珍惜组织的信任。如果脾气仍然是那样犟，怎么能承担起这繁重而艰巨的任务呢？所以，每遇到工作中发生矛盾时，或遇到不顺心的事后，我注意控制自己的情绪。坚持埋头苦干的同时，坚持不骄不躁。记得有一次我召集研究制定我厅分配房子的办法，一位年纪大一点的老处长，一开口就出言不善，当时听了心里真不是个滋味。可是，我为了顾全大局，不和他进行无原则的争执。终于在大家的支持下制定妥了分房方案。在1990年的一次党支部评论党员的会议上，时任厅长的严敦干同志给我的评价是："他是一个任劳任怨的同志，任劳吧，无非是自己啥得干，多做点事；可任怨就比较难了……"他的这个评价，对我来说是非常之高的，也深受鼓舞。但我确实感到，是我个性平和了，才能做到"任怨"的，这也是一切从工作出发的这个共性，驱使我克服了个性不好的毛病，才能做到"任怨"的。

因此，人生经历的几十年，要把个性修养好，我体会到有这样几个方面是必须认真去实践的：

一是必须加强党性修养，要坚持个性服从党性。时刻想到自己是共产党员，就不能随便发脾气，再有理也不能用不好的情绪处事待人。特别是这任性的毛病，是与党性格格不入的，必须坚决克服。

二是作为国家工作人员一定要顾全大局，坚持把个性置于共性之下。我们承担的是为人民服务的伟大事业，遇到不中意不顺眼的人和事，一定要从全局出发、从构建和谐的人际关系来考虑，决不可凭自己的个性而随心所欲。我们只要想到工作需要，还有什么脾气不可以克制的呢？

三是我们必须持有一颗平常心。这世界上，矛盾无处不在，无时不遇。要懂得，我们遇到了这样那样的矛盾，这也是对我们个性修养与工作协调能力的考验。我们应该经得起这样的考验。在化解矛盾时，只要坚持不计较个人得失，坚持大公无私、坚持不怕自己吃亏的原则，脾气必然就会好起来的。任性的现象也就会得以减少甚至可以杜绝了。最后，我们在化解矛盾中得到的一定是能力提升，工作进步，人际关系得以改善的大收获。

　　我之所以能够由脾气不好的一员，转化到被领导评价任劳任怨的人，我的感悟就是个性是本能，能够掌控住自己的个性才是本事。如果一个人没有个性就非常奇怪了，问题是我们怎么样来认识和对待自己的个性。我们能够控制好自己的个性，坚持个性融于共性，个性服从党性，就一定能在事业上有所作为。

# 五十四　官与管

　　"官"字是由一个宝盖头与其下面连着的两个"口"字组成的，这是不是可以这样理解呢？同在一个屋檐下，官与老百姓都是有口的，也都是要吃饭喝水，要生活的。因此，担任治国安邦职务的大大小小的官员，必须以民为本，必须成为老百姓的衣食父母。如果不为老百姓服务，我们当官为什么呢？而一个人只要负有一定的工作责任，老百姓就把他作为"官"来看待的，老百姓也无不对其寄予厚望。如我这个曾经的湖南省直机关的"小官"，就深切地感受到，要在众目睽睽下当好这"官"，不论职务高低与责任大小都是非常不容易的，要让老百姓满意就更加不容易了。

　　因为，有了一定的"官"位，就必须承担一定的工作责任，挑起工作的重担。而要尽职尽责地完成好所承担的工作任务，就必须加强管理。加强管理就必须行使我们管理的权力。这样就出现了各种各样的情况：有的在行使管理的权力时能够得心应手，或者能一呼百应，工作就顺顺当当，效果也就非常令人满意。可是有的人或有些时候，他们在行使管理权力时却不是那么容易，甚至百呼也无一响应者；要么，即使有所响应，事后却阳奉阴违，工作效果也就可想而知了。有时，甚至工作做了不少，反而上访的还越来越多，问题也越来越复杂；有的公然在执法中徇私枉法，不仅官帽丢了，还要受到法律的惩罚。因此，也就不难看出，这"官"怎么去"管"是大有文章可做的。要做好这"管"字的文章需要我们去下一番苦功夫，才能掌握真功夫，也才有硬功夫的。

　　那"管"字的文章从哪里着手呢？我们先来仔细琢磨这个"管"字。它是由一个"官"字加一个"竹头"的部首组成的。为什么"官"字加一个"竹头"就叫"管"了呢？我想古人造字是用了一番心思的。

　　这不，当"官"的可以用竹子做成戒尺，如果被管理者违反了有关规定，轻则要用戒尺予以惩罚，重则就必须升堂判罪。这意味着管理必须严格。

　　还有呢，竹子可以制篱笆，俗话说，篱笆扎得紧，野狗钻不进。就是说管理必须严密，让那些不法之徒没有空子可钻，使那些不思进取的人们没有阳奉阴违的缝隙可乘。

所以古人把官和管的含义就从字面上告诉了我们，问题全在于我们怎样去把握了。

如果，我们再引申开来，管理还要注意一个"理"字。我们在行使合法的权力时，必须注意从思想上进行梳理。该说理的要从法理、事理、情理等各方面去做好思想工作。这样就一定能够让被管理者能够自觉自愿地服从管理。同时，我们当"官"的还必须明白，在建设服务型政府、服务型马克思主义政党的当今时代，管理还意味着服务。我们必须在思想观念上来一个彻底的转变，要从过去的"管制"角度转化到服务上来。像毛主席曾经倡导我们的那样，不论我们从事什么样的管理，都要全心全意地为人民服务。诸如城市管理、交通管理等，我们只有服务意识不断增强，管理方法科学、公正，管理才能够真正到位。在各类官员的优质服务下，咱们老百姓才能得到生产发展、生活宽裕、心情舒畅的良好政治与社会生态环境。所以，我们要化解管理中的各种各样的矛盾，必须突出服务意识、突出以人民为中心的意识。2002年5月，我受组织派遣，随湖南省代表团前往北京出席中共中央、国务院五一劳动节的全国劳动模范、全国先进工作者表彰大会。在这次大会上，我了解到省怀化市一个乡的武装部长，坚持"位尊不泯济民志，权重难移公仆心"。他在协助当地开展计划生育工作时，一把剪刀（果树修剪工具）不离手，边进行思想工作，边指导老百姓发展生产，工作效果非常好。因此，他就被称为老百姓喜欢的"剪刀部长"。这是坚持管理就是服务的好榜样。该同志，因此获得"全国先进工作者"光荣称号。受他先进事迹的感染，那次，我还同他在长城合了影。他的先进事迹确实是值得我们好好学习的。

同时，管理、管理，既要"管"你，同样也要管"我"。作为官者必须以身作则，现身说法。孔子曰："政者，正也；己不正，焉能正人？"讲的就是这个道理。

因此，我们当"官"者要把管理工作做到让人民满意，就必须进一步地强化下面几个意识：

强化学习意识——坚持用科学理论武装头脑不放松，思想觉悟不滑坡，初心始终不能忘。不断提高学习能力、不断提高管理水平。

强化服务意识——坚持管理就是服务的理念不动摇。能够始终坚持全心全意、自觉自愿地为人民服务，再苦再累也要在所不辞。

强化法律意识——坚持法律面前人人平等与公事公办的原则。一定要知法、懂法、认真执法。在各项管理中一定不能被亲情、乡情、友情及同学、战友等情谊所累。

强化严于律己意识——打铁必须本身硬，必须坚持做依法办事的带头人，要以一身正气，战胜歪风邪气。要始终坚持严密、严谨的工作作风。

强化清正廉洁意识——公仆者必须勤奋，必须清正廉洁。要经得起名利的考验，经得起利益的诱惑。就是要有"常在河边走就是不湿鞋"的定力和毅力。这样我们就可以让组织放心、老百姓欢心，我们个人也就省心了。

# 五十五　服从与盲从

《中国共产党党章》关于党的组织制度中规定："党员个人服从党的组织，少数服从多数，下级组织服从上级组织，全党各个组织和全体党员服从党的全国代表大会和中央委员会。"这就告诉我们一个基本的组织原则：个人必须服从组织，下级必须服从上级，少数必须服从多数，个体必须服从集体，全党必须服从中央。只有这样，我们党组织才真正具有凝聚力、战斗力、号召力。这是决不可以随心所欲地打折扣的。否则，就违反了党的组织纪律、违反了党的章程。

中国共产党自创立以来，始终坚持了这个基本的组织原则，始终坚持党的集中统一领导。这对于克服个人主义、分散主义、自由主义、宗派主义、山头主义等不良现象发挥了十分重大的作用。有了这个基本的组织制度作保障，也才使我们中国共产党成为领导我们事业的坚强核心力量。也才经得起各种各样大风大浪的考验，也才能带领各民族人民把我国建设成为一个伟大的社会主义国家。

服从党的统一领导，下级服从上级，也才能在全党形成令行禁止的好风气，也才能有我们党在人民群众中的崇高威信。一盘散沙是没有一点凝聚力的，也是成就不了任何事业的。更何况中国共产党是一个有着8956.4万（2017年12月底的统计）党员的执政党。如果离开了党的集中统一领导，离开了党的组织原则，那局面是不堪设想的。

我感觉到，自觉地服从党的统一领导，坚持民主集中制，既是党的组织制度的要求，也是一个共产党员党性纯洁的表现，更是检验我们是否具有良好科学态度、和有没有良好的工作作风的试金石。

我们所要强调的服从，绝对不是盲从。我们要真心实意地服从党的集中统一领导，就必须如毛主席曾经教导过我们的那样，保持对上负责和对下负责的一致性，必须关注好"两头"，即对"上头"（上级党组织，直至中央，要落实的路线、方针、政策）精神要吃准。就是一要知道规定的内容是什么，二要知道意图是为什么。这就有利于我们在贯彻落实上级组织的战略部署或有关工作时，能够更好地宣传群众、组织群众。同时，我们对"下头"的情况要吃透。使我们在"服从"中，能够想群众之所想，急群众之所急。我们真正一切为了人民群众，人民群众就一定会同我们心连心的。工作任务的落实也就可以不费很大的力气了，要解决的问题也就会迎刃而解了。服从不盲从，还在于我们必须坚持实事求是的思想路线，坚持与时俱进的思想作风。坚持雪中送炭，而不是雪上加霜。以城市管理为例。老百姓清早爬起来，挑了菜到城里来卖，本来就很不容易。我们城市管理者就要有换位思考的意识。要根据菜农的数量与季节的变换情况，利用社区空坪隙地主动为他们提供临时场地，并且约法三章。这样就不会出现脏、乱、差等现象。如郑州市城管部门绘出的"西瓜售卖点地图"，将适合瓜农卖瓜的地址用地图的形式公布出来，告诉瓜农什么地方可以卖瓜。卖瓜的秩序就得以维持良好，管与被管之间的矛盾也就无形中被化解了。这是很值得我们借鉴的。

服从不盲从，还贵于有见微知著、未雨绸缪的意识和精神。要坚持主动出击，使工作的主动权牢牢地把握在我们自己手里。比如城市里有的居民有乱搭乱建的现象存在，影响了城市的美观。可是，这个问题刚开始出现的时候，往往没有人去制止，或制止不力。直到问题成堆了，不得不兴师动众地搞治理。不仅劳民伤财，而且也严重地影响到政府有关部门的形象与威信。这样的情况多了，我们主管部门就会经常处于被动挨批的境地，那老百姓就更加对我们不满意了。所以早抓、早防是我们贯彻上级指示规定的题中应有之义，不可麻痹大意。

服从不是盲从，还在于我们要把工作做细致。笔者曾经参与过我单位一起因汽车驾驶员疲劳驾驶，导致一位青年农民死亡的交通事故的处理工作。当时，那青年的家属和村民来了20多人，为了搞好接待及善后工作，我和同事们在三天的时间里和农民兄弟生活在一起，一方面，同情他们失去亲人的悲痛心情，理解他们提出的不合理的要求。一方面积极与交通警察配合，按照政策规定落实赔偿问题。但我感到，真正要处理好，必须服从现有交通法规。于是，我们在知道死者的一位叔叔在湖北某县交通部门工作后，取得受害人家人的同意后，我们将其叔叔请来参与处理这次交通事故。由于这位同志熟悉交通法律法规，为人也非常正派公道。他来后主动为我方做了许多说服解释工作，使事故处理很快达成协议。我们在补偿问题上也坚持不折不扣地按照国家规定办理，让死者家属也能享受政策上的安慰。因为人死了，已经是最大的不幸了。我们不能再在人家伤口上撒盐了，应该做更细致的工作，该给人家赔偿的一定按照政策规定及时给足，体现政府部门是负责的，也是与百姓心心相通的。

服从不是盲从，还必须体察实情。如1975年11月至1976年9月，我参加湖南省委"农业学大寨"工作队，在嘉禾县塘村人民公社平田大队四队驻村开展工作。那时农民群众的温饱问题才勉强解决，上级部门提出了"以粮为纲，万马归田"的口号，也是那时开展"农业学大寨"的基本指导思想，是我们必须遵循的。一次，当我所驻的生产队在插完晚稻后，生产队长对我说："黄干部，我们队上田里目前的工作，由妇女同志就可以承担了，我们的男劳力准备打砖烧窑，为买农药化肥准备一点资金。你看怎么样？"因为那时那个生产队集体没有任何其他收入，我想了想后说："可以。"于是，男女劳力兵分两路地忙开了。可是，有一天我们工作队的领队，原省物资局的杨副局长通知我们工作组长和我到公社去一趟，我们也不知道什么事，就连忙赶了七八里路来到在公社办公的杨副局长那里。刚一坐下，公社书记也来了，公社书记一见到我就问："上面要求万马归田，你们生产队怎么烧起砖来了？"杨副局长也连忙说："找你们来就是为了这件事，现在其他生产队都和你们队攀比啊。"我听后才恍然大悟，原来是我们不应该允许生产队烧砖啊。因为，是我所在的生产小队开始搞副业生产。于是，我就主动承担责任，不等我们工作组长发言，就抢先汇报道："对不起，都怪我没有及时向领导汇报，我做自我批评。但烧砖完全是为了'万马归田'筹备购买农药、化肥等资金用的。因为目前晚稻的田间管理女劳力可以承担，男劳力在这个时候抓副业生产正是时候。不然，购买晚稻需要的，甚至明年开春也需要的化肥、农药的资金哪里来啊？所以，我报告了工作组长，他也认为生产队的要求有道理。这件事虽然是合理的，但我工作没有做好，我做检讨。"我说完后，我们组长立即说："我们小黄是学农的，也是从农村来的，比较了解农业生产情况，他同意生产队的生产安排，我是赞成的。只是疏忽了没有向工作队领导和公社领导报告。"公社书记和我们工作队的杨副局长听了我们两个的汇报，互相看了一眼后，公社书记就请杨局长讲话。杨局长笑了笑说："书记啊，这个事情应该没有问题。明天我们工作队和公社统一一下意见，目前晚稻都只需要搞田间管理了。该搞副业的也应该允许，不然没有一点资金怎么开展农业生产？只是我们定了后，要报告县委、地委。"就这样，我的这场虚惊就这样被杨局长化解了。

从这件事，也告诉我，办什么事情一定要注意从实际出发，既要认真贯彻落实上级的指示精神，又不能不顾基层的具体情况。决不可图省事而来个一刀切。如果我们不同意生产队的合理生产安排，盲目地只管形式上的"万马归田"，到头来还是会影响到"万马归田"精神的真正落实，必然会影响到农民的切身利益，那我们这工作队在人民群众中就没有起到促进的作用，那要我们工作队干什么呢？就这样，在工作队一年来的实践锻炼，让我明白了要坚持从实际出发，这对我后来的工作都有重大的影响。

服从绝对不是盲从。比如，上级召开会议后，会议精神是必须传达贯彻的。但这传达贯彻是在消化吸收上级精神与意图后，结合各自实际有了比较好的落实计划和方案的基础上，再来传达部署，才能够有比较好的效果和政绩。我们不能当"收录机"、不能做"传声筒"。有的连上级指示都没摸清，还强调传达"不过夜"（当然非常紧迫的、不能过夜的除外），这不是真正的服从，而只能算是应付而已，是形式主义的翻版，没有丝毫的实际意义。久而久之，只能败坏脚踏实地的工作作风，影响事业的发展。我们应当引以为戒。

此外，服从有时候还需克服私心杂念。记得有一次，有位分管我省职称改革工作的省级领导叫我到他办公室去一下，我连忙赶了过去。他对我说："今天，一个大学老师，上班就找到我办公室，说是其教授职称没有通过……"我说："好的。我回去问问情况后再报告您。"后来我得知评审工作已经结束，这个老师在学科组就没有通过，当年是无法再通过了，于是，我叫"职改办"的同志向这位省领导写了个签呈，其大概意思是，汇报了该老师申报"教授"职称没有通过的原因。我们意见是按照现有政策，只能在来年补充新的材料的基础上再参加评审，请示这位省领导，我们这样处理行不行？请求其批示。这位省级领导非常通情达理，看了我们报送的签呈立即批示："同意职改办的意见。"

我当时考虑的就是如何按照政策办事，没有考虑领导是不是满意，会不会对我个人有什么看法的问题。我认为对于领导交办的事情一定要在政策允许的情况下去办，不能是领导交办的就不坚持原则，如果事情办糟糕了，反而会影响领导的威信和形象，这就是帮倒忙。回过头来领导还会批评我们办事是"看人下菜"，难以对我们的工作放心。这对我们今后的工作也是不利的。所以这服从绝不是草率的盲从，也不是无原则的服从。

在服从这个问题上，我的体会就是，必须坚持马克思主义的唯物辩证主义思想，一定要把对上级机关及其领导负责与向人民群众负责有机地结合起来，要把服从与有利于促进事业发展有机地结合起来。通过我们扎扎实实的工作，一定能够让上头满意的同时，也能使下头高兴。只顾一头的所谓"服从"，要不就会违背上级指示精神，要不就是做群众的尾巴。那样的"服从"半点马列主义也没有，还能成就事业吗？

# 五十六　温度与温暖

众所周知，温度是物体冷热的程度，它是可以用温度计测量出来的。如寒暑表、体温计、光学温度计与电阻温度计等仪器，分别可以测量出相应的温度。而自然温度低到一定程度要冻伤、冻死人；而高到一定程度又会热伤，甚至热死人。所以人和设备是受不了极端温度的折腾的。因此，聪明的人们就用各种各样的仪器来监控温度，以兴利除弊。

可这温暖呢，作形容词时，表示暖和；作动词时是使人或物感到温暖的意思。这温暖是无形的，用仪器测量不出来，用眼睛看不到，手也摸不着，就只有心里才能感觉到它。

20世纪60年代，我们国家尚处于短缺经济时期，我家里比较困难，1965年8月份的一天，我收到当时的湖南农学院（现为湖南农业大学）的录取通知书，家里却没有足够的钱供我读书。正在为难之际，生产队长批准我到队上仓库里挑300斤稻谷卖到粮店转粮食关系，一个亲戚送了我5元钱，这样我就有了路费和学籍费了。当时我不知道多么感谢生产队和亲戚的帮助，一股暖流直冲胸口，至今难忘。后来在学校里，填报助学金申请表，我开始发扬风格，申请的是乙等助学金，系里凌鲜梅老师看后，对我说："你家里非常困难。父母亲也不在啦，你会有困难的。"她就帮助我改为甲等助学金。这是我来到学校后遇到的第一股暖流，心里十分感激，再也不愁没有生活费了。后来到冬天了，我读初中时做的棉衣不能再穿了。这事被我们系的陈桂然老师知道了，他连忙把他的一件棉衣拿来给我穿。穿上老师给我的棉衣，我真正感受到的不仅是身上温度的提升，而是一颗爱心在温暖着我的心。到春天换衣服时，我把棉衣还给他，因为我不敢去洗，怕把棉衣洗坏了。可是，冬天一到他又把洗干净的棉衣给我穿上，我被他对我的关心感动得热泪盈眶。后来，我去邵阳实习，我系带队的党总支副书记王融初老师将他的棉大衣送给我过冬。就这样在来自各方面的关心与帮助下，我读完了大学。

我的感觉，温度是比较直观的，加减衣服就可以明显感觉出来。可是这温暖的感觉就特别不同了。如每当老师把衣服给我穿时，我就被老师爱学生的善心、善举感动得流泪。我想，就是父母亲对其子女也不过如此。这不仅是温度，老师们都是发自内心的大爱无疆。这不就是"行善济人，人遂得以安全，即在我亦为快意"的写照吗！因此，我受生产队与老师如此的照顾与爱护，他们的言行也深深地刻在我心上，印在我脑子里了。我暗下决心，一定要学习他们与人为善的精神。一定要让他人及老师给我的温暖永远流淌在我的血夜里，并且要让其转化为自己的德行与善行。因此，当我参加工作后，在嘉禾县开展农业学大寨运动时，我知道一户贫困户连买盐的钱都没有时，我就坚持给他家买盐，同时，工作队结束回单位时，把我的开水瓶等那时农村比较缺乏的一些日用品都送给了我的住户。让他们也体会到我们干部对他们的关心。当我成为兼职不兼薪的大学硕士生导师后，我以我大学的老师们为榜样，同样在传授知识时，注意传递爱心。有一次，有个学生经济上比较困难，放寒假回家的路费还没有着落，我知道后立即给予资助。星期天我还多次地把学生叫到家里，我给他们讲课后，就留他们在我家里吃午餐，帮助他们改善生活。我的这些小的善举，也深深地打动了学生们，一个个都能够好好地学习，如今他们工作都非常努力，有的已经成为国家的栋梁之材。

　　我感觉能够给人温度容易，要真正让人感到温暖就必须不图回报，不图名利，是自觉自愿的行动。就是一种为他人着想的善良，让他人在得到温暖时感到愉悦而没有压力，并且能够自发地产生回报社会的动力。这也是我从他人与老师那里学来的美德。

　　同时，我感觉老师或他人给了我们温度也好、温暖也罢，应该在没齿不忘的基础上，要把他人给我们的温暖变换成为对他人的爱心，自觉地将自己的光和热奉献给社会。让爱的传递一代又一代地延续下去。如果一个人得到了他人的关爱，没有一点点感动，那就是忘恩负义的表现，会被人们视为冷血动物，或被视为"朽木不可雕"，这样的为人是决不可取的。

　　雷锋同志能够自觉地对同志具有春天般温暖的热情，是因为他这个孤儿出身的人总感觉到，是毛主席、中国共产党把他从苦海中拯救出来，让他成为国家的主人、成为中国共产党的一员。他时时刻刻感受到了国家、集体的无限温暖。所以，他就真正做到了翻身不忘毛主席，不忘共产党，不忘记周围领导与同事们对他的无私帮助与爱护。他无论在地方还是在部队都能够自觉地坚持把做好人好事常态化，这是他对社会的无私回报，是他对毛主席、共产党、对国家集体感恩的自觉行为。正如毛主席教导过我们的："没有无缘无故的爱，也没有无缘无故的恨。"

因此，我们今天学习雷锋精神，就要把"勿以善小而不为，勿以恶小而为之"的与人为善的优秀文化传统进一步地发扬光大。把温暖送到真正需要帮助的人们身边，用我们的爱心去温暖这些弱势群体。这是建设和谐社会的必然需要，也是实现全面小康的迫切要求。人生应该有这样的境界与修为。

我的一生就是新社会穷苦人民翻身后才有的结果，是老师家人及邻居、同学关怀帮助不断进步的结果。这种种的爱，时刻温暖着我的心，时刻激励着我要好好地回报祖国、回报曾经给了我帮助的老师与亲人朋友们。因此。每当回忆到这无数次地来自集体或个人对我的帮助时，就如一股暖流在我身上奔走，总是激励着我努力学习和工作，不断前行。

# 五十七  戒赌、戒毒与洁心

我的一个邻居因为儿子吸毒，被害得无法安度晚年，八十多岁年纪还要帮着五十来岁的儿子戒毒，好不可怜。我的一个亲戚的儿子参赌，一晚上输了二十万元，在走投无路的情况下自尽身亡，造成了家庭的悲剧。这类情况在我国的城乡都不是个别现象。赌博与吸毒已经成为危害社会的毒瘤，毒化了社会空气、败坏了民风甚至影响到了党风。作为个人来说，如果陷入赌博和吸毒的泥坑而不能解脱，也就只能是自取灭亡了。

这些年来，随着党和国家加大对赌博与吸毒的打击力度，情况虽然大有好转，但禁而不止，打而不死的现象仍然不容乐观。这对于建设全面小康社会无疑是非常不利的，因此，战胜此类社会恶疾的任务仍然是任重而道远的。

实践证明，要解决"赌博与吸毒"的恶疾，必须综合治理，多管齐下。在此，笔者仅从如何加强个人修身养性，纯洁心灵的角度，提高戒赌与戒毒的效应问题发表一点肤浅的看法。

社会上一些人，包括一些公务员之所以参与吸毒或参赌，其原因是多方面的。但有一条就是经不起利益的诱惑，心灵不纯洁。"心为思之官"，心不洁，问题就接踵而来，平时，戒赌、戒毒的那根弦就自然松了。特别是一些党员干部，他们丢掉了初心，忘记了自己的身份。所以一朝权在手，就成为不法分子的"唐僧肉"。也就经不住那些不法之徒的糖衣炮弹袭击，要么，就被赌头们拖下水；要么，就成为不择手段的人的牺牲品。

而要解决好个人"洁心"问题，对公务员来说，一方面，就是要加大打击力度，必须坚持零容忍的原则，不论是谁，也不论资格与官帽有多大，凡涉及参赌或吸毒的一律开除党籍、开除公职。情节严重的还必须追究法律责任。就是要用制度、机制的约束力，使他们死了参赌与吸毒的这条心。另一方面，要强化公务员的"洁心"教育活动。特别是要从源头抓起，要加强"七观"（人生观、世界观、价值观、权利观、政绩观、群众观、利益观）的教育力度。以帮助他们奠定牢固的思想基础。让广大公务员真正明了权为民所系，利为民所谋。能够自觉地把参赌与吸毒拒之门外，能够在赌与毒的问题上经得起考验。

为了帮助人们戒赌、戒毒，对于舆论宣传工作来说，要密切配合有关部门，坚持对戒赌、戒毒重要性宣传的常态化，以形成"老鼠过街，人人喊打"的高压态势。以促进社会风气的纯化、维护公民心灵的纯洁。

另外呢，要加强有利于人民身心健康的文化娱乐活动的开展，以不断丰富人民群众的文化娱乐生活，帮助人们陶冶情操。平时，要让居住在社区的人们有比较好的休闲环境和条件。因此，在旧城改造，以及城镇化建设中都要未雨绸缪地考虑与规划居民的文娱体育活动场所的建设。笔者曾经听到一位省级领导在谈到戒赌与戒毒问题时说过，他有一次到农村基层搞调查研究，当他们一行人来到一个农贸市场时，有个地方围了一堆人。当他们去看是什么情况时，原来是老百姓没事做，在看人剖鳝鱼。因为，农村没有什么文娱体育场所，看剖鳝鱼也成为消遣的事了。当时与会的同志听了都笑起来了，他接着说，他认为必须加强农村的文化娱乐建设，让老百姓有消遣的去处，以促进人们身心健康。这样对戒赌和戒毒也是大有裨益的。我是非常赞成这位省领导的意见的。有句俗话说得好："饱暖思淫欲，饥寒起盗心。"一个人生活条件改善后，如果无所事事，就很容易涉入"黄、赌、毒"的深渊而不能自拔。所以，在全面建设小康社会中一定不能忽视文化娱乐的建设。我们在加强打击参赌、吸毒行为的力度的同时，必须加大文化与精神文明的建设，坚持以文化人，以德树人，不断纯洁人们的心灵，才有戒毒戒赌的牢固思想基础。

特别是对于我们个人来说，国家打击赌博与吸毒行动是一回事，我们个人能不能自觉地做到不参赌、不吸毒又是一回事。如果自己不自觉，对此还抱无所谓的态度，说不定哪一天也会陷入赌与毒的深渊而不能自拔。

"身正不怕影子斜"，因此，戒赌与戒毒必须洁心，正如诸葛亮所说的："非宁静无以致远，非淡泊无以明志。"一些吸毒人员戒毒为什么那样艰难，甚至到戒毒所待了两年进行系统的戒毒，仍然"毒"心不改呢？其主要原因，就是他们没有正确的人生观，没有意志去戒毒。因为国家强制戒毒，而他们本人仍然是被动的。戒毒时，其心并没有洁净。所以，一遇到诱惑，他就容易忘乎所以。因此，必须加强个人的思想修养，培养好的生活习惯与爱好，才有抵制各种各样的诸如赌博与吸毒等丑恶行为的自觉。为此，我们一定要倡导全社会的人们在不断学习科学理论与科学知识的同时，坚持学以致用，不断加强思想修养，坚定正确的人生观，务求做一个对社会有用的人。心灵的纯洁，人生观的端正，就有决心和毅力远离"黄、赌、毒"，就能一门心思扑在事业的发展上。这样，政府有关部门在做这方面工作时也就会省心、省力多了。

# 五十八　机遇与挑战

　　人们在这世界上生活，遇到的机遇与挑战会是各种各样的。有的能够坚持一次又一次地抓住机遇顺势而上，往往能够取得一次又一次的成功。可有的呢，却抓不住机遇，看到的总是挑战，加上平时又没有"时刻准备着"的思想观念。因此，他们就总是一步赶不上，就步步赶不上，其结果往往是一事无成，人生也就难以出彩。因此，我们只有抓住机遇，迎接挑战，才能使我们的人生过得更加有意义。

　　所谓机遇，就是恰好的时候，一般多指有利的方面，如难得的发展机遇。它一般是无形的，肉眼看不见，用手摸不着。有人说："机遇是小偷，来时不知不觉，走时不声不响。"这话是非常有道理的。能够抓住机遇的人们都是比较智慧的，或者他们具有一定的学识水平和一定的经验，所以他们就可以及时发现机遇、抓住机遇，兴利除弊地乘势而上。

　　就拿我这个"四〇后"来说吧，我是生在旧社会，长在红旗下的一员。新中国成立以后仅五年，我就到了上小学的年纪。而这个时候呢，国家在百废待兴的情况下，非常重视教育事业的快速发展，这就给我提供了读书的好机遇，因此，我是在老师的启发教育下，在家里的支持下，经常饿着肚子在抓紧学习，所以从初小考高小，再到考初中（那时国家没有实行九年义务制教育，我们贫困山区基础教育比较薄弱，每次升学都是要参加考试的）、考高中我都能够次次榜上有名。为了发奋学习，记得读初中时，学校离家里仅五华里的路，我往往一个多月都不回去。到上高中时，人长大了，受的教育也多些了，更加懂事后，学习也就更自觉了。刚好，到我高中毕业的那年，国家在发展高等教育，录取大学生时，特别向农村孩子倾斜。于是，我有幸参加高考被湖南农学院（现为湖南农业大学）录取，成为我们村有史以来的第一个本科大学生。我能够上大学虽然是生得逢时，然而如果我不从小发奋读书，即使有再好的机遇，也可能还是考不上大学的。因为我们一个班五十多人，考上大学本科的也才十来个同学。所以个人的努力奋斗是非常重要的。好比我们要登上一个屋顶就必须有楼梯，可是有了楼梯，我们却没有一点点力气，甚至还有"恐高症"，那要登上屋顶的事也就只有空想了。可以这样说，这机遇往往是给能够时刻准备着的人们送去的登高的"楼梯"，或者是送给勤奋者达到胜利彼岸的"航船"。它是非常难得的，因此，我们必须懂得抓住机遇。我上大学时，正逢"文化大革命"，1968年的夏天，当时学校都停课了。我一个人就到学校农场参加劳动，挖土可以得八角钱一天的报酬，嫁接一颗柑橘苗成活后，报酬是五分钱。就这样，我用自己劳动挣来的钱买了衬衫和西裤。到1970年分配工作时，我们没有到湘西劳动锻炼的同学全部要去洞庭湖的军垦农场劳动锻炼。我认为，解放军是个大学校，我一定好好向解放军学习。于是，就和部分同学来到中国人民解放军0645部队434团1营的学生连进行劳动锻炼，还被部队任命为三排九班长。于是，我坚持不负重托，扎扎实实地带领一班人参加劳动锻炼，一年半的时间，比较好地完成了连队安排的生产任务，我受到连队两次口头嘉奖。真正是炼红了心，晒黑了皮肤，提高了觉悟。1972年2月，我作为优秀大学生被安排到省直机关工作。所以，机遇来了必须奋斗，才可取得一定的成绩。

我的感觉是，能够抓住机遇，一要靠我们平时多学习与体验，在学中干，在干中学。经历的事情多了，我们就可以见微知著，甚至可以有明察秋毫的本事和敏感。只有既不肯干又不勤于思考的人，才会落得永远在原地不动的被动局面。因为，有时即使是机遇来了，他们不仅抓不住，还要埋三怨四、怨天尤人地嫉妒他人抓住机遇取得的丰硕成果。所以，具有这样心态与行为的人是永远与成功无缘的。

所谓挑战呢？其中的一个含义，就是指需要应付、处理的局面或难题。在进入信息化时代后，我们可以经常听到这样一句话："挑战与机遇并存，发展与困难同在。"这是非常符合马克思辩证唯物主义思想的。我记得，我小时候遇到最多的挑战至少有三个方面，一是身体虚弱，经常因为蛔虫病肚子痛，给学习增添了困难；二是从小学到高中，经常要饿肚子。因为，那时是短缺经济时期，吃不饱肚子是经常的事。我后来，在原来的安化报上写过一篇文章——《两餐制的回忆》，把我当时读书挨饿的感觉写了出来，我的老师和同学看了都是感同身受的。三是穷。上高小时，在学校寄读，可是家里没有被子给我，要向有被子的同学求援，有时非常尴尬。到长沙读书冬天都没有棉衣服穿，是老师给的旧棉衣过冬。面对这多方面的挑战，我是以顽强的毅力去对待与克服它们。即使肚子痛也不旷课，有一次还晕倒在课堂上，是同学把我背到镇上卫生院的。后来上初中后，在校医帮助下治好了蛔虫病，终于战胜了一个大的挑战。至于饿的问题，也是靠毅力，主食不够，经常是杂粮、瓜菜或蒿子、葛根等野菜充饥，我从来不挑食，高考时也在饿着肚子的情况下，以坚强的意志考完了所有科目，那辛苦的味道至今没有忘记。所以对"学海无边苦作舟"感受最为深刻。后来，我们村里了解我的老人家都说"那伢子是读苦书出身的"。所以，吃得苦中苦，必有甜蜜来，就是我战胜困难后的最深体会。

挑战，大都是难题，有时还是不可避免的。面对挑战，我的办法就是以坚强对付之。正如一句俗话所言："困难像弹簧，你强它就弱，你弱它就强。"并且挑战与机遇时常同在。那么，我们唯一的办法就是用慧眼发现机遇，用主动抓住机遇，用毅力战胜挑战，我们也就不断地进步了。同时，我们能够坚强、果断地化解危机，就会赢得发展的机遇，又何乐不为呢？我认为，在挑战与机遇面前最怕的是懦夫思想，无所作为的思想。要知道，只有天道酬勤才是颠扑不破的真理。这世界上没有懒出来的光环，也没有只说不干而上光荣榜的。

鹰击长空，看准的是蓝天白云，凭的是勇气和毅力，以大展宏图；鱼翔浅底，利用的是大海之辽阔，靠的是坚强和定力，以更好地生存。物犹如此，人何以堪？面对机遇与挑战，唯一的办法就是不屈不挠地攻坚克难，砥砺前行。道路虽然曲折，但前途一定是光明的！

# 五十九　求人与助人

人生在世，"万事不求人"是不可能的。不仅平时生活上可能要求人，就是学习和工作也是经常需要求人的。在父母亲给予我们生命后，我们就成为社会的一员。从婴儿开始，饿了，就哭泣——求人喂奶；到上学了，要求助老师的教育和同学的帮助来学习文化知识；参加工作后，开始要求婚，以成家立业；工作上要求他人帮助，生活上也有许多时候的许多方面需要求助家人或他人的帮助。但我认为，这求人也是必须有讲究的。

一是要谦虚。荀子曰："不知就问，不能就学。"这就告诉我们要学习知识、要掌握技术或技能必须不耻下问。比如，我原来不懂得使用电脑，我在指导中南大学的硕士研究生时，在手提电脑上修改学生的毕业论文，就请他们指导我这个被他们称之为"导师"的人学习电脑应用的技能，他们教得认真，我学得虚心，不到三两个月，我就学会了电脑打字，还可以制作图文并茂的课件了。可见，这求人是必须老老实实的，不懂就不懂，不要装懂。

二是这求人还必须持之以恒。我上大学期间正逢"文化大革命"，在大学五年时间，只上了一学期多的课。到工作单位后，又是改行从事行政工作。所以需要重新开始学习。于是，我就如饥似渴地"求"起人来了。除努力从书本上学习行政管理的知识外，还注意向老同事求援，请他们多多指教。对领导的批示、领导修改的文稿坚持仔细琢磨。看看领导是怎么样修改的，以求得公文写作水平的不断提高。这样不间断地学习同事们的工作经验和做法也就能够胜任自己所承担的工作了。

三是这求人，不能偷懒。无论工作、学习、生活中的求人，必须是首先自己要勤劳刻苦，自己能够自力更生的就自己动手，这才"可丰衣足食"的。我们千万不能有任何依赖思想，只有我们迫切需要他人帮助时，我们才请人家帮助。否则，轻易地去求人，他人也会反感的。

四是求人不是乞讨。当他人不乐意帮助我们时，应该宽容与理解。因为，他人帮助我们不是他人应尽的义务。别人不乐意帮助我们是有别的考虑或其他原因的，我们一定不能强求。

而另外一方面呢，我们生活在社会上，除了需要有礼貌地求人外，还应该懂得怎么样自觉坚持助人。因为，助人为乐这是中华民族优秀传统文化中的美德之一，也是我们必须坚持的起码修为。当他人有困难或者遇到危险的时候我们必须毫不犹豫地挺身而出，这是良心与良知的必然，更是共产党员党性的驱使。如果在他人的确需要我们帮助甚至救助时，我们仍然麻木不仁，那也就与动物没有什么差别了，这人生还有意义吗？我们几十年来所弘扬的雷锋精神，其可贵之处就是与人为善、助人为乐。雷锋同志在党的培养教育下，特别是来到中国人民解放军这个革命的熔炉里后，把为人民服务充分体现在认真做好本职工作上，充分体现在处处时时不厌其烦地关心、帮助他人。并且是那样的自觉，是那样的执着。完全可以这样说，雷锋精神集中到一点就是把以人为本、助人为乐做到了极致。他的这种精神鼓舞了我这一辈子，令我真正受益匪浅。

但一个时期以来，助人为乐精神好像被人们淡化了。社会上一部分"一切向钱看"的人们，只有"见钱眼开"的贪欲，失去了助人为乐的传统美德。平时，见死不救的也大有人在，见义不能勇为的也不是个别现象。甚至在公共汽车上给老、少、孕妇等乘客让座这常人应该有的文明行为，也被人们忘记了。所以有人就发出了"雷锋叔叔出国了"这样的调侃。要知道，一个不重视精神文明建设的民族将是多么可怕啊。我们应该明白，这种种见利忘义的现象，对于净化社会风气，对于建设全面小康社会，对于建设和谐社会都是非常有害的。我认为，改革开放与发展市场经济并不排斥助人为乐。相反，改革开放后，富起来的人们应该有更好的条件推进助人为乐，应该进一步发扬好雷锋精神。使精神文明建设与物质文明建设能够同步推进，相得益彰，这才是人民所期待的，也应该是改革开放、发展市场经济必须达到的不可或缺的奋斗目标之一。

我自己的感受是坚持助人为乐，必须与时俱进，必须自觉自愿，必须诚恳实在。必须是为他人着想的善良。如当路人问路时，当需要为他人让座时，路人突然发生疾病或因交通事故负伤时，或有歹徒为非作歹，或有人家里不小心失火了……此时此际，我们无论遇到何种情况，都应该主动伸出援手。也许有时我们自己无能为力，但帮助他人拨打110、112或119这些急救电话总是可以的吧。尤其在公共场所必须有人带头去见义勇为。有时可能就是一颗爱心能够唤起有良知的人们一起行动的。我记得在读初中时，离我们学校五里远的一个茶厂一天晚上突然起火了，我们全校师生员工带着自己的脸盆跑步前去，一盆水一盆水地传递着灭火。这人生的头一次见义勇为，给我留下了深刻的印象——觉得集体的力量特别大。

助人为乐是中华民族的传统美德，我总认为，不论社会发展到什么程度，这个美德却是永远不能失传的。教育我家后代一定要永远将其发扬光大，并且也要他们坚持一代又一代地传下去。把仅仅只晓得求人，而不去助人的思想和行为要通通扔进太平洋里去！

# 六十 视力与视野

眼睛是我们非常重要的一个器官，不仅我们每个人平时都非常爱护它，而且新中国成立以来，国家对保护青少年的视力也非常关注和重视，有关部门还颁布了青少年每天课间做眼保护操的规定。那时，我们每天做课间操前，都要做这套眼保护操。因为，视力是在一定的距离内我们用眼睛辨别物体形象的能力。视力好，无论是对学习还是工作或生产都是非常有帮助的。所以，家长们没有一个不关心孩子们眼睛的保护的。因为升学或参加工作，或参军等体检时，都要对眼睛进行详细的检查。有的因为眼睛有不可逆转的毛病，就影响了专业的报考、影响了工种的选择，甚至还影响到青年们加入解放军部队的梦想的实现。国家制定和颁布眼睛保护操的规定，学校认真组织做好此操，都是高瞻远瞩、未雨绸缪的英明之举，也是全民健身运动不可或缺的重要组成部分。

而视野呢，则是眼睛看到的空间范围。比如，我们当公务员的承担的是治国安邦的重任，必须开阔视野，全心全意为人民服务，才能把工作做好，也才能让组织放心，让人民满意。所以视力与视野对于我们人生来说都是非常重要的。

我在当公务员的经历中深深地感受到，如果要保护好视力，就必须注意眼睛的保健，防止用眼的过度疲劳。我就在视力保护上吃了苦头的。因为我喜欢看书，到晚上时常是手不释卷，结果不仅把视力搞坏了，而且双眼都长有翼状胬肉。现在左眼视力非常差了，真正后悔莫及，希望大家引以为戒。

可是这视野的开阔就不是一件容易的事情了。党和国家要求我们必须用科学理论武装头脑，用国际眼光观察和分析问题、处理问题，办任何事情都必须坚持从长计议。这是对我们公务员最起码的要求，也是公务员认真履行职责的迫切需要。作为大任在肩的公务员是不能鼠目寸光的！

那怎么样做才能开阔我们的视野呢？我感受最深的有这样三点：

一是必须认真学习科学理论。毛主席曾经教导我们："领导我们事业的核心力量是中国共产党，指导我们思想的理论基础是马克思列宁主义。"我们头脑中唯有科学理论丰富，才不至于思想僵化。我们看问题的视野也才更加开阔。因此，我工作的几十年，也是不断学习科学理论的几十年。特别是被组织安排去参加中共中央组织部组织的"地厅级领导干部经济研修班"，还是组织公务员到法国短期培训，或离岗到省委党校的多次学习，我都坚持按照培训安排认认真真，如饥似渴地学习马克思列宁主义、毛泽东思想、邓小平理论、"三个代表"重要思想、科学发展观，学习发达国家的先进理念。现在我已经退休十几年了，对习近平新时代中国特色社会主义思想也继续坚持认真学习。近年来蓉园社区党委邀请我为社区的青年党员去讲微党课，我也能够不失众望。我认为，学习好，收获就大，看问题的视野也就更开阔，干事业的盲目性就会减少。湖南省委党校曾经几次安排我去给地市州党校的老师讲课，我也能够比较好地完成任务。如今我还在有关企业讲授《企业文化建设与员工素质提升》《职业道德建设》等课程。讲课中，我坚持理论联系实际，广征博引，受到学员们认可。我的体会是，没有一定的理论功底，就无法开阔视野。

二是必须坚持理论联系实际，不做书呆子。学习理论必须有的放矢。这样，我们看问题，思考问题的视野就可以多角度、多层次了，视野也随之而开阔。比如我在《职业道德》这一课中，在讲述"我们如何杜绝制造和销售'假、冒、伪、劣'商品问题的发生"时，就运用市场经济理论的知识，加以生动的事例说明，学员听后都有茅塞顿开之感。而要能够坚持理论联系实际，我觉得必须深入实际，包括平时看书、看报、看电视新闻和到实际生活中去观察都要做有心人。能够记下来的要及时记下来，能够储存在脑子里的要储存下来。这样我们遇到有关方面的问题时，我们就有了举一反三的信息资源作为参考，我们也就可以运用自如了。

三是拓宽视野必须善于思考。为此。平时，我们必须做个既有眼又有心的人。能够有看人视物的思想敏锐性。而这个"有眼有心"人的形成，我的感受就是，贵在热爱生活、热爱工作、珍惜人生。能够有雷锋所倡导和坚持的"把有限的生命投入到无限的为人民服务中去"的精神。我们就有持之以恒的热情去观察问题、思考问题。我们的视野也就能够不断地、与时俱进地得以开阔。任何马马虎虎的思想、丝毫懈怠的思想对于开阔视野都是非常有害的，只要我们能够顽强地坚持勤勤恳恳地学与思，老老实实地去行与动，我们的视野就一定会越来越开阔，我们的事业也就越来越兴旺。

# 六十一　主动与被动

　　主动是人们不待外力推动而自觉行动的行为，是与被动相对而言的。如主动学习，主动工作，掌握工作的主动权等。比如，中国体育健儿在体育竞技运动中，能够以平时刻苦训练得来的高超技术，获取有利局面，就能够始终处于竞争的主动地位。因此，也就可以获得屡战屡胜的佳绩。

　　所谓被动，是人民待外力推动才行动的行为。为什么我国的足球运动一直以来不如体操、乒乓球、女排那样牛呢？原因是多方面的，其中我们技术上还低人一筹是显而易见的，所以，在比赛中就不能取得主动权，老是"被动挨打"。可见没有主动权是无法战而胜之的。"被动"对于"主动"来说呢，也是相对的。我们主动了，就不会被动；如果时刻是被动的也就主动不起来的。它们之间总是相反的。

　　我则感觉，人生价值的实现贵在我们必须牢牢把握人生的主动权。也就是不依赖外力的推动，而是自觉地好好学习、好好工作、好好生活。始终坚持做一个自力更生，自强不息的人。如果各方各面都要靠外力推动，甚至还只是推一下动一下，我们就一定是非常被动的。行文至此，我想起了日本稻盛和夫先生所著《干法》一书中所写的人力资源管理知识。他在书中将员工分为三类：

　　一类叫"自燃型"，就是自己划根火柴就能把自己烧着。"自燃型"是任何时候都不用人管他的，他总是自觉、玩命地干。

　　二类叫"点燃型"，你给他做做思想工作、谈谈心，然后划根火柴烧他一下，就能把他烧着，也会好好地去干。

　　三类叫"阻燃型"，你就是拿火焰喷射器去喷他，喷完了他还是原样，就像陶瓷做的一样。现实生活中就有好多这样的阻燃型员工。

　　所以，我们要使人生更加出彩，我们必须做个"自燃型"的员工，次之，也要能够是"点燃型"的。最不能做的就是"阻燃型"，那是最不可能出业绩，也是最没有出息的一类人。

古贤云："天行健，君子以厚德载物；地势坤，君子以自强不息。"这无不告诉我们，为人必须有修为，必须坚持主动进取，而不是一门心思地"等、靠、要"。这人世间，天上没有馅饼掉，我们何不自告奋勇地去争取天道酬勤呢？主动进取就可以避免被动现象的发生。

在我的人生经历中，我虽然不是完完全全的"自燃型"，但也不是"阻燃型"。我工作时，总有一种危机感，觉得工作必须做在前面，主动权往往要靠自己掌握，工作主动就能够化解难题。

但要真正成为"自燃型"的员工或公务员，关键是要有坚定的政治信仰，持久的奉献精神，艰苦奋斗的工作作风，全心全意为人民服务的初心。具备了以上这基本的几条，我们一定会主动地学习和工作，并且生活质量也是不会差到哪儿去的。

鹰击长空，鱼翔浅底。这都是主动去拼搏的行为。作为已经进化为高等动物的我们，应该时刻准备着，要始终把主动权牢牢地掌握在我们自己手中。

# 六十二　风格与风水

2019年元月我曾连续三天上午在社区为居民书写春联，有好几位居民都看上了这样一副春联："喜居宝地千年旺，福照家门万事兴。"这说明居民们对"宝地"还是蛮喜欢的。这"宝地"就是他们心目中的风水，这也不足为怪。因为，人们期望的总是美好的未来。

说实在话，我对风水是不怎么相信的，如我家住的地方，新中国成立时风水并没有发生任何变化，可是我们家里自新中国成立后生活就越来越好，为什么原来那样贫穷？这说明风水不是生活幸福的决定因素。这改变人民命运，提高人民生活水平的就是新中国的制度，就是毛主席为人民服务方针的落实，是劳动人民翻了身做了主人的结果。写到这里，不得不让我想起了这样一个故事：

在我国的南方某地农村，有个先富起来的农民甲某，建起了一栋别墅。他这天开车去请一个著名的风水先生来他家看看风水。在回家的路上，风水先生见甲某行车非常讲礼貌，老是让着那些开得比较快的。这风水先生于是就问："师傅，你怎么老是让人家啊？"甲某回答道："人家开得快，可能有急事，我们又不急，让着点好啊。"当车子来到一个小镇的巷子口时，突然跑出一个小孩子来，开车的甲某马上刹车把车停了下来。风水先生又问："这小孩子已经过去了，你怎么还不走呢？"甲某说："不急，还会有小孩子跑出来的。"果然，又有三个小孩子风风火火地跑了出来。让小孩子都过完马路后，车子才启动。风水先生不解地问道："刚才你怎么知道后面还有小孩子呢？"甲某说："因为通常都是几个小孩子在一起玩，先跑出来一个，后面一定还有小孩子追出来的。这就靠我们平时要做有心人了。"风水先生听了感到非常佩服这农民的为人。

不一会，甲某就把车子开到他的家门口了。他们刚下车，就看到他别墅后山的一群鸟从他家荔枝树上吓得飞了起来。风水先生于是就提出要同这农民一起去看看。甲某则说："别急，一定有小孩子在树上偷摘荔枝，才把鸟吓跑的。

如果我们一去，他们可能就会被吓得从树上掉下来，那就糟糕了。于是，他们两个也就一直站在别墅前面静观。不一会儿，真的有几个偷摘了荔枝的小孩子一溜烟功夫就跑掉了。

甲某这才请风水先生绕着他的别墅走了一圈后，把风水先生让进屋里去。当这农民的妻子把茶端上来送到风水先生手中后，风水先生则不无感慨地说道："要说这'风水'吧，这'风水'其实就蕴藏在你做人的风格上，你的心地特别善良，我一路上看到的都是你处处在为他人着想。我们的老祖宗有句脍炙人口的俗话——'善有善报，恶有恶报；不是不报，时辰未到'。你今后一定是福运多多的。你这别墅的风水呢，也就用不着我来看了。"

所以，我认为，所谓风水，除了房子一般都是坐北朝南的朝向，有利于空气对流，注意园林绿化与水土保持外，并无其他秘诀。更加不能有任何迷信思想。再说旧社会的恶霸地主们吧，他们一个个都是讲究风水的，可是他们剥削越甚，作恶越多，到新中国成立后，开展土地改革时，一个个得到的惩罚也就越重。可他们住的所谓风水宝地并没有变啊。

所以，我们欲想人生道路宽广，必须坚持以人为本的优秀文化传统，坚持与人为善的价值取向。特别是我们共产党人一定要把为人民服务这个初心永远放在第一位，处处为了人民利益而考虑。改革开放以来，一些公务员身居高位，却滥用职权，强取豪夺。有的还请风水先生、"八字"先生为他们保驾护航。可到头来，无不受到党纪国法的惩处。

一个人真正要有所作为，必须坚持以人为本，与人为善。尤其是担任一定领导职务的更要把做人、做官的良好风格树立起来，记得岗位是党和国家给的，职责就是为人民服务的。要讲风水，就把是不是有利于维护人民群众利益放在第一位。决不贪赃枉法，决不以权谋私。唯有这样，我们的风格是明朗的，我们也就会有党纪国法这绝对可靠的"尚方宝剑"来保护我们，我们也就一定能够住在哪里，就会幸福地生活在哪里，才能有半夜敲门心不惊的踏实和安然。

总之，属于迷信一类的所谓"风水"不可信，更不可靠。我们必须老老实实做人，认认真真做官，扎扎实实做事。把为人处世的风格培养好，以社会公德、职业道德、个人品德、家庭美德为准则，加强学习，加强思想修养的磨炼。只要把我们思想上的"风水"建设好，人生的航船也就决不会被所谓的风水所颠覆。

# 六十三　风度与温度

在人民追求的美好生活中，其中就有对风度翩翩的追求。这也是爱美之心，人皆有之的题中应有之义，不仅无可非议，而且是应该积极倡导的。这也是物质文明与精神文明进步的表现。所谓风度，就是人们的举止姿态。一个人具不具有一定的风度，就体现在平时的一举一动中，什么时候举，什么时候止，都是有讲究的。在我看来，讲风度也属于文明礼貌的范畴。属于个人品德及家庭美德方面的起码要求。如在穿衣服时就有风度的体现，有的衣着得体、服饰搭配中看，当他们走到别人面前时，人们就感到他们是风度翩翩，潇洒倜傥，好生羡慕。

在为人办事的风度上，我印象最深刻的就是我们敬爱的周恩来总理。他在外交场合无论是表达友好的谈笑风生，还是表述爱憎分明的义正词严，在救灾抢险现场指挥，或是到灾区、贫困地区慰问农民群众，他总是精神抖擞、幽默风趣，其举止无不风度翩翩。因此，其在国内国际的感召力、亲和力与威望是没有人可以企及的。我们一见到他的身影，都被其一举一动所感动。因此，他去世后在长安街赶来为他送行的人民才是那样连踵接肘，才是那样的悲痛不已。因此，周总理的音容笑貌与鞠躬尽瘁死而后已的精神风貌将会永远激励我们前行。

可见，风度也是一种良好的修养。有的人没有一点修养，每遇到与他人发生矛盾，或生活与工作中稍微有不如意之处，他动不动就是骂骂咧咧的，出口成"脏"，痞话连篇，已经习以为常了。不仅没有一点点风度，其言谈举止所暴露的完全是一副流氓相。这样的人不仅没有一点自知之明，而且时常见他骂街。人家惹不起也只好躲得远远的。不是怕他，而是认为与他争论，等于自己掉了身价，完全没有那个必要。所以跟这样的人去谈风度是没有一点意义的，就如同对牛弹琴。没有半点作用，真正的是朽木不可雕也。由此及彼，我们欣赏他人的风度，必须懂得这外在之美，完全来自个人的内在之美。而内在之美的土壤就铺在人们的思想修养上。一个有良好修养的人，才可能有比较好的风度展现在世人面前。没有一点思想修养，还奢谈什么风度？所以作为一代伟人的周恩来总理，其风度翩翩就在于其思想修养的完美，与非同寻常的人格魅力。因此，我们倡导讲风度，必须加强思想修养先行，这样才有牢固的思想和审美基础。

风度与温度呢，完全是不同的两个概念。为什么今天我把它们写进同一篇文章里呢？这是因为，我们有的人，平时非常注意风度，就是不顾及温度。天气非常寒冷时，为了赶时髦，在穿着上还敞胸露臂的，尤其是一些上了年纪的女士，生怕别人说她衰老了，应该添衣服的时候，还像年富力强的年轻人那样地穿着单薄的衣服，一不小心就感冒了。所以有人就明智地呼吁："既要风度，更要温度。"意思是冻坏了身体，疾病缠身，也就风度不起来了，这又是何苦呢？

所以，这讲风度，有时也是有条件和场合的。如穿着上能够保护身体不受影响，适时适度地增减衣服；同时，在穿着方面也是干干净净的，是同样可以展示我们风度的。因为人们评价一个人的着装是否有风度，不仅仅看衣服的厚薄与价格，主要是看得不得体和中不中看。包括衣服颜色与季节变换是否适时，衣服颜色与人的肤色是否搭配得当等。所以该加衣服就加，该减衣服就减，只要自己觉得既不热也不冷就足矣。还有，平时对那些穿奇装异服的人，有谁又认可他们有风度呢？因为奇装异服与风度这两个词就是不吻合的。所以我们讲风度，也不要在衣服的款式上去猎奇，弄不好不仅没有风度还可能是不伦不类的。

此外，对风度的评价标准也是仁者见仁，智者见智的，不是千篇一律的，也不是万人一面的。不过，我们在加强思想修养的同时，也可以学一点美学方面的知识，以拓宽我们的视野，在展示风度时，不至于弄巧成拙。

# 六十四　价值与位置

实现人生价值，是稍有文化的人们最起码的共同愿望。但怎么样使自己的人生更加具有价值呢？这就大有文章可做了。

先让我从来自贵州省遵义市湄潭县一个偏僻乡村的李明勇说起吧。

李明勇16岁初中毕业就因为家里人接二连三患病的原因，其本不富裕的家庭陷入了困境。于是，他就只有辍学的份了。但他辍学后，并没有被困难所压倒。一走出校门，他就到外打工还债，后来到贵州教育学院（即贵州师范学院的前身）当了一名保安。他在与其他保安员一起负责看大门和校园保安工作时，受到同学们学习氛围的影响，他又萌生了继续学习的念头。于是，他一边辛苦地工作，一边利用工余时间含辛茹苦地学习。由开始读专科，再升本科、硕士研究生，直到博士研究生毕业。2018年他终于学业有成，成为一名高校的讲师。实现了其人生由打工仔到高校讲师的价值升华。

李明勇的成功实践启示我们，一个人要实现自己的人生价值，虽然位置非常重要，但真正决定成功的因素不是位置，而是奋斗的方向。奋斗方向选择正确，就一定能够通过努力奋斗达到胜利的彼岸。倘若李明勇甘于保安工作，不去努力学习与奋斗，最多是一个称职的保安，当然也是可以为社会作贡献的，因为行行出状元嘛。可从他的人生价值的角度来看呢，博士相对于保安来说，对社会的奉献就大不一样了。从保安到博士其人生价值就发生了非常大的变化。我深信有李明勇这种吃苦耐劳的精神，这种逆境奋起的人生经历，将来他一定会成为一名优秀的高校教师，其对社会的奉献也会是非常大的。这也是非常符合党和国家实施人才强国战略的要求的。因此，我认为李明勇就是我们年轻人健康成长的好榜样，若想实现自己的人生最大价值，就要向李明勇学习。

当然，一个人有了一定的位置，就可以好好地为人民服务，努力地干出一番事业来。

但是这位置，绝不是"疗养院"，如果你有了位置，却因此沾沾自喜而不思进取，或利用位置巧取豪夺，或以权谋私，那人生价值就可能是零，甚至还是"负数"，也许还要欠下辜负了人民培养的"债务"。所以单纯位置是体现不了我们人生的价值的，唯有方向正确、奋斗不止，我们的人生价值才可能得以最大化地实现。

湖南上品养殖公司的经理刘涛先生，北京大学毕业后，曾经被录取为国家公务员，先后在基层和湖南省共青团、湖南省委统战部工作过，位置也都非常重要，后被组织任命为临澧县副县长。2015年他毅然辞职，回到家乡慈利县东岳官镇的跑马村，从事养殖业，办起了养鸡场。通过两三年的奋斗就成为年利润达200万元的养殖企业，并且比较好地带动了一个地方老百姓的共同富裕。由品学兼优的名牌大学生到组织信赖的公务员和县级领导，再到成功企业家，都是得益于刘涛同志的先进理念，在他看来决定价值的不是位置怎么样，重要的是所选择的奋斗方向的正确与否。是的，位置再重要，如果人事不相宜，或者不思进取，甚至为非作歹，那结果必然只是糟蹋了位置，自己的人生也必然是一文不值的。

我大学毕业时，被分配到一个物资公司工作，开始安排我从事基建工作、后来又要我改做宣传工作。这些工作对于我这个园艺系果蔬专业的人来说，都是"用非所学"，但我又不可能挑三拣四。于是，上岗后，我就选择先埋头学习，决心学会原来没有学过的知识和技术，一定要成为单位欢迎，事业所需要的员工。决心一下，功夫不能懒，于是，我采取边干边学，边学边干的办法。结果很快就能适应工作的要求了。在公司领导的指导下，我在宣传工作上还有一定的特色。为此，原湖南省物资厅的政治处还组织其他公司来我们公司开过现场会，号召其他兄弟公司学习我们宣传工作的经验。后来因为我工作出色，还被组织推荐到原湖南省人事局工作。

所以，说来说去，一个人要好好地实现自己的人生价值，是需要一定的位置（也可以说是岗位）的，但有了位置一定要高瞻远瞩地从长计议，选择努力的方向和奋斗的目标。而这目标不是要当多大的"官"，而是要借助这"位置"提供的有利条件与发展机会去朝着实现人生最大价值这个目标无怨无悔地去奋斗。这样一来，人生价值才有可能得以达到最大值。这对报效国家也是非常有意义的。

如汉代崔瑗所说的："行之苟有恒，久久自芬芳。"李涉在《岳阳别张祜》中也写道："策马前途须努力，莫学龙钟虚叹息。"实现人生价值的最大值，其道理就蕴藏在我国优秀的传统文化中，值得我们好好继承和发扬光大。我们决不可一味地去计较所谓位置的重要，犹如一颗螺丝钉，只要不生锈，无论用在哪里都一定能够发挥其作用、实现其价值。

# 六十五　干部与干事

所谓干部，一是指国家党政机关、军队、人民团体中的公职人员（不含士兵勤杂人员等），二是指担任一定的领导工作或管理工作的人员。后来，我国干部人事制度改革后，国家实行公务员制度，在党政机关，进入公务员队伍的才可以称为干部，企业的管理人员就称为经营者人才。在事业单位从事管理的就称为管理人员，从事技术工作的称为专业技术人员。

但无论其称呼怎么变化，干部，干部就一定要干事的——即尽职尽责地把事业干好。按照总书记习近平同志的话来说，就是要"撸起袖子加油干"。因此，干好事业是所有干部天经地义的事，是没有任何条件可讲，不可以讨价还价的。不干事、不会干事的干部，就不是老百姓喜欢的干部，也是不被组织看好的。因此，当一个好干部，就必须如焦裕禄同志那样为了改变兰考的落后面貌，一头扎在工作里头，带病奋斗不止，真正地体现了"鞠躬尽瘁，死而后已"。因此，他创造的利在当代，功在千秋的植树治沙事业，为当地老百姓脱贫致富奠定了坚实的基础，他去世后被誉为县委书记的榜样，真正是实至名归的。所以，我们说一千道一万，当干部就一定要如焦裕禄、孔繁森、杨善洲他们那样，不忘初心，牢记使命，艰苦奋斗。

应该说，在我们干部队伍里，我们绝大多数干部，是名副其实的干事业的干部。但在我的经历中，我曾经见过有少数干部，就是不主动干事，一年到头没有一点工作业绩，公文写作吧，下不了笔，代拟领导讲话稿呢，不知道怎么进行，安排他们到基层开展调查研究吧，又发现不了问题，更提不出切实可行的意见，可是安排他们做具体的事务性工作又非常不务实，学习理论吧，也是没有劲头，学不进去……正因为如此，他们往往被同事们讽刺为机关里的"三水干部"——上班喝茶水、工作费口水、按月拿薪水，他们也不为之羞愧。虽然这样的"三水干部"是极少数的，但对提高一个单位或团体的战斗力是非常有害的。如不努力改变此种情景，就会出现"一粒老鼠屎，坏了一锅汤"的现象，影响到一个单位或团队的声誉，对事业的发展也是极为不利的。因此，不肯干事或干不了事的干部也是不得人心的。

1970年7月，我大学毕业后和全国各高等院校分配来湖南工作的同学们被安排去中国人民解放军0645部队劳动锻炼。我所在的学生连，平均每人要耕种十亩农田，每到春插或秋收时，由于那时机械化程度等于零，所以每天都是劳动十多个小时。为了提高粮食产量，在解放军同志的指导下，我们都是全身心地进行仔细耕作，千方百计地保证不违农时。特别是我们在晒谷时，一天只休息四五个小时。因为按照那时的干部制度，我们大学毕业就是干部。部队里的首长或连队干部在对我们进行思想教育工作时，总是提醒我们，你们离开我们这里就是要当干部的，干部嘛，不肯干事，不会干事，那叫什么干部？今后，如果你们干不了什么事，老百姓就会叫你们是只会吃饭的"饭桶"，你们喜欢听这样的称呼吗？当然谁都不喜欢听。那好，你们就在部队安安心心地好好学习怎么样干事吧！

因此，部队对我们要求特别严格，一个月才可以休息一天，一个月也才可以睡个懒觉。如今的年轻人听起来可能感到有点稀奇了，可我们那时为了提高干事的能力与活力，一个个都干得非常卖力。我的肩膀后面有一个肉驼，就是那时在部队挑砖挑起来的。有一次我和一个同学为了给稻谷催芽，在温室里待了一个晚上，第二天照样劳动。

我的人生体会就是，作为国家公职人员的干部，必须是肯干事、能干事的。人民培养了我们，人民又赋予了我们干事的岗位和权利，我们必须扎扎实实地干一番事业，才不会辜负组织的信任、人民的期望。所以，部队劳动锻炼结束，我就被分配到省直机关工作了。我坚持以懒惰为戒，务实为要。学习中国人民解放军的好作风、好精神，干什么就学什么，干什么就认真干好什么，使自己能够满怀豪情地工作三十多年。并且为了事业，我仅仅享受过"半次"探亲假——那是我参加工作后的第一次探亲假，可假还只休了一半的时间，就被单位一封电报催了回来，立即参加省委工作队到涟源市甘溪公社驻村进行"批林整风"。以后也就再没有休过什么假了。当干部为了事业的需要，是必须时刻服从组织安排的，必须舍小家，为大家，不然你就与干部的名称不相吻合了。

此外，干部要干好事，还必须坚持不出事。始终做到认认真真做事、老老实实为人，干干净净处事。一定要向那些先进人物学习，牢记使命，权为民所用，情为民所系，事为民所办，全心全意地奋斗在自己的工作岗位上。

革命先驱，中国共产党的创始人之一李大钊曾经指出："凡事都要脚踏实地去作，不驰于空想，不骛于虚声，而惟以求真的态度作踏实的功夫。以此态度做事，则功业可就……"（摘自李大钊：《现代史学的研究于人生态度的影响》）

让革命烈士用心血写就的至理名言鼓舞我们努力去实践吧，坚持清正廉洁，砥砺前行！

# 六十六　脑袋与手脚

大凡身体健康的人，都长得有脑袋和手脚。脑袋和手脚的功能也各有不同。可是同样的脑袋，同样的手脚，在人生价值的实现上却是千差万别的。我在职时，比较注意收集我国中科院和工程院的两院院士成功历程的资料，并且认真学习后，对他们实现人生价值的规律也有所思考。我初步认识到，他们之所以能够成为院士，一个共同的特点，就是："勤于学习，善于思考，勇于创新，能与实践。"所以，他们一个个都是脚踏实地、默默无闻地耕作在其从事的科研、教学、生产等园地里。不仅脑袋转得快，而且手脚也非常勤快。有的为了事业、为了民族的复兴，时常是隐姓埋名二三十年地奋斗着，始终耐得住寂寞，守得住清贫，才在事业上创造出一个又一个的奇迹。

由是观之，我们要实现人生价值的最大化，不可能没有聪明的头脑，不可能离开勤奋的手脚。特别是从事发明创造工作，我们欲想有所发现、有所发明、有所创造就离不开比较高的智商，离不开不屈不挠的实践精神。在科学界，我们什么时候看见过，仅指手画脚、夸夸其谈就取得巨大成就的？从袁隆平杂交水稻的成功，到陈景润对"1＋1"数学难题的破解，无不是奋斗十年或数十年的结果，无不是智慧与汗水的结晶。

而脑袋的聪明除了一定的天赋外，我认为主要是必须重视学习，包括从书本和实践中的不断学习，能够在未知领域里孜孜不倦地探索，以求得破解难题的创造力。再就是手脚必须勤奋，有百折不挠的实践精神。即使是一个聪明人，如果懒懒散散地对待事业，必然是要被其聪明所累，必定是一事无成的。所以，有个善于思考的聪明脑袋，又有勤奋的手脚去顽强实践，并且不怕挫折，这才是我们驶向胜利彼岸的动力源泉，各行各业成功的人们是谁也离不开这样一条成功之路的。

记得有一次，我在为贫困地区搭建科技平台的企业经理人培训班上讲企业人力资源开发的辅导课，有个老板问我："请问，企业怎么样做才能把员工的积极性调动起来呢？"我说："这个问题，可不是一两句话可以说得清楚的。"于是，我就借此机会给参加培训的学员，谈了我的一点看法。

我的认识是，我们企业里众多员工，要把他们每一个人的积极性、创造性调动起来，方法和对策会是各方各面的。要管理的地方也是多方面的。但仔细归纳起来，无非是这样两个方面：一方面是要管好员工的脑袋。要通过制度创新去激发员工活力的提升，使他们具有坚定的志向，有肯干的自觉性与持久性。同时，要加强培训力度，给他们不断地补充创业、创新的营养，使他们具有创造性地工作或生产的智能或技能。另外一方面呢，就是要管好他们的手和脚，使他们不断地勤奋起来，具有踏踏实实地干事业的拼搏精神。员工们能够坚守岗位，脚踏实地干事业，生产工作的积极性、创造性必然油然而生。而这两个方面的总开关就是企业制度的科学规范与不断创新。这样一来，企业人力资源开发的效益也就会直线上升。

具体说来，所谓管脑袋，就是要让员工知道为什么要干和怎么样干。所谓管手和脚，就是要让员工有一定的担当精神，有完成任务的自觉性。使他们养成"做勤快人，干精细活"的良好习惯。这样我们企业就如同一潭活水，生产力的不断提高就有切实的人力资源作保障了。

尤其是现代企业，在"企业即人"的大趋势下，我们一定要克服"见物不见人"的错误思想和"一切向钱看"的错误理念。我们企业家必须强化人文思想，把关心人、爱护人、理解人、解放人放在第一位，把让每一个员工实现自己人生最大值作为企业发展的重要战略来重视。唯有这样，企业员工才会自觉地以企业为家，也才会以主人翁的态度去为企业的发展而努力奋斗。

# 六十七　建言与纳言

谁都明白，我们要实现人生价值，关键在于认真做好本职工作，做一个能够在岗位上发挥最大作用的工作人员。任何清谈、空谈都是毫无意义的。而要做好一个方面的工作，在我们担任一定领导职务后，就有一个建言与纳言的问题，是需要我们认真对待的。

比如，我在负责职称改革办公室工作时，在原湖南省人事厅党组的大力支持下，就形成了这样一个工作制度：每一年的职称评审工作结束后，从十月份开始，就广泛地开展为期一两个月之久的调查研究工作，以听取各方面的意见。包括行政主管部门、各企事业单位、各类专业技术人员以及各市州的同志的意见。同时，还坚持采取开座谈会、发征求意见稿、咨询相关专家、到企事业单位进行专题调查研究等方法，收集各方面的意见和建议。一方面，就是"会诊"，请大家对我们所做的工作进行评议。以了解我们工作在社会上的反响，有利于不断改进不足的地方。另一方面，是坚持广泛地求计于基层，问计于民众，这就是广开言路，请大家建言。通过两个方面的工作，达到一个目的："以不断分析职称改革中出现的问题与原因，不断调整评审政策，提高管理水平。"经过这些过细的工作，在初步形成翌年的职称改革思路后，又开座谈会听取各方面的意见，在进一步修改的基础上，才将职称改革的上年度总结与下年度安排的材料提交湖南省职称改革领导小组讨论决定。实践证明，我们的工作做得虽然不是完美无缺的，但这样做也尽了我们最大的努力，最大限度地落实了民主决策、科学决策的原则。记得有一年，我将职称改革工作总结和工作安排报到主管人事的常务副省长王克英同志那里，他看后批示："这个总结材料写得好，职改办的工作也做得比较好……"我看后深受鼓励，能够得到领导的肯定，心里也就比较踏实了。

现代行政管理，我的感觉是，随着公开、平等、公平、公正原则的逐步加强，我们要做好一个方面的工作，就必须是广纳群言，进行民主科学决策。俗话说"三个臭皮匠赛过诸葛亮"，就是要求我们注意发挥人民群众的积极性与创造性。如果一味地"闭门造车"，往往是费力不讨好的。因为少数人的智慧是非常有限的。尤其一个人的智慧是非常渺小的。我们能够听取各方面的意见，就等于请了众多的"诸葛亮"帮助我们出主意、想办法，就必然会取得事半功倍的效果，又何乐不为呢？

当然，在广纳群言时，对于建言者，应该是说者无过，听者虚心；要坚持有则改之，无则加勉的原则。同时，要真心真意地鼓励大家畅所欲言。然后，在反复研究后，从中吸取营养。因为提出各种各样的意见的群众所站的角度不一样，有的也难免有视角的局限性，也不一定都是可行的。但即使有的意见不能采纳，也从另外的角度为我们开拓了看问题的视野。只是我们所坚持的原则应该是广纳群言、去伪存真，既不闭门造车，也不随波逐流，这样才不至于发生工作上的偏差。

对于是否采纳他人的意见，我的看法是，要从三个方面去衡量。一是看是不是符合国家的大政方针；二是看是不是有利于改进工作；三是看是不是有利于调动各方面的积极性与创造性。这也是我们采纳群众意见改进工作的主心骨。离开了这个主心骨，就会陷入人云亦云的被动局面，不仅不利于工作的开展，还可能反过来影响工作的正常进行。

所以，工作中的走群众路线，坚持民主集中制的原则，也是有很深的学问的，我们必须在实践中反复学习和锻炼，才能真正发挥建言与纳言的积极作用。

我赞成这样的说法："人情练达即文章，谦虚谨慎是办法。不懂装懂要不得，虚心学习谋远大。"

# 六十八　操业与操心

人生价值的实现必须有我们发挥作用的平台，如同农民没有田土种不出庄稼；工人没有原材料和机器生产不出产品；老师没有学校创造的学习环境就不好开展教学工作一样。因此，我们必须有劳动的岗位，手头必须有业可操。

那我们怎么样操业才能有所作为呢？这是大有学问的。比如在同样的环境下、在同样的工作岗位上，有的工作做得风生水起，有的则成绩非常平淡，甚至还导致很多不该发生的事故来，给事业造成不应有的损失。成功人士的经验无不告诉我们，对于一个从业者或执业的人来说，我们操业时是迫切需要认真操心的。心不在焉地做事岂有细活可出？又何来成功可言！

所谓"操心"，《现代汉语词典》上的解释是："费心考虑和料理。"比如有的汽车驾驶员能够安全行车百万公里，甚至数百万公里而无行车事故，就是这些驾驶员在汽车驾驶过程中，能够按照汽车驾驶的操作规程和国家的交通管理法规，坚持把安全行车放在首要位置。成功人士在工作中有不怕操碎了心的敬业精神，才有一丝不苟的工作作风，所以他们也才能够日积月累地创造出突出的工作成就来。

操心，是我们操业时决不可丢失的重要法宝。实践无不证明，在工作上漫不经心的人，是没有几个能够成功的。从事复杂劳动的人们，特别需要全身心地投入到工作中去，这样才会有所作为。还有就是在一些高风险的岗位上，更是如此。先哲们曾经告诫我们："事故多藏于隐微，而发端于人之疏忽。"工作疏忽的人，往往就是志大才疏、眼高手低、漫不经心的样子。因此，他们在工作或生产中总是差错不断，甚至事故频发。因此，我们要把工作生产搞好，必须要操心，即工作（生产）中都必须全心全意、兢兢业业。要牢固树立一丝不苟的执着精神与精益求精的良好作风。

诚如莎士比亚所言："世间的事，往往失之毫厘，就会造成莫大的差异。"因此，我们无论从事体力劳动还是脑力劳动都必须认认真真地用心去做，要坚持守土有责，不让毫厘的失误在我们的岗位上发生。我们就能够尽可能地减少差错的出现，成功的概率也就会不断增大。

在北京百货大楼前矗立着一位普通售货员的塑像，那就是张秉贵（1918—1987）同志的塑像。作为一名优秀的共产党员，他以"为人民服务"的热忱，在平凡的售货员岗位上，苦练基本功，练就了令人称奇的"一抓准""一口清"的技艺和全心全意为顾客服务的"一团火"精神，成为新中国商业战线上的一面旗帜；在他生前，许多外地顾客慕名而来，就是为了目睹他那令人称奇的技艺和体验"一团火"的服务精神。如今，张秉贵塑像被誉为"燕京第九景"，是首都人民群众对张秉贵售货艺术的赞誉。他已离开我们多年了，但他的精神依然闪耀着，在新的时代愈发明亮。他将永远是商业部门的同仁们学习的榜样，也是我们所有操业者学习的好榜样。

因此，我们只要像张秉贵同志那样，对工作、对民族、对国家、对共产党有着"一团火"的执着精神，我们在操业时，就一定会自觉地好好操心的。只要能够懂得处处、时时会操心、能操心了，就没有做不好的工作，就没有干不出的成绩！

为了养成自觉操心的精神，是需要我们在下面三个方面去努力的：

一是要坚持向劳动模范和先进工作者学习，像他们那样牢固树立无私奉献的精神；

二是必须坚定久久为功的拼搏意识，具有顽强拼搏的毅力；

三是必须具有"把简单的事做得不简单，把平凡的事做得不平凡"的过硬功夫，才有揽"瓷器活"的本领，事业也才会做出水平来。

# 六十九 "上帝"与上当

我这个本来就没有多少经济头脑的人，容易上当，我就曾经上过两次当。一次是在路边买内衣，付了货款，拿着买家给我的塑料袋子就走，回到家里打开袋子一看，内衣不在，唯有一包青草。还有一次，我到学校门口接孙女，只见一个农民工在学校旁边卖核桃，说是老板没有现金发工资，以货抵薪。我看他可怜兮兮的，又见他手上的核桃皮薄仁大，就丝毫没有考虑，一下子买了两百多元的核桃。当我付钱后一转身，只见这人也就急匆匆地挑着没有卖完的核桃疾步走了。一个家长说："您今天一定上当了。"经他这样一提醒，我马上打开袋子看，果然，所看到的核桃都是皮厚肉少的所谓铁壳核桃，回到家里要用锤子去敲，才能敲开。可是，里面的核桃肉呢，却要用牙签去挑，可也挑不出多少核桃肉来，我一气之下，把这核桃通通丢到垃圾桶里去了。经过这两次上当的经历，我也多了一个心眼，不轻易去购买街边流动商贩的东西了。可见，这市场经济的迅速发展有给人们带来方便的一面，也有不法之徒趁机牟利，需要我们警惕的一面。

在我生活的城市曾经有过这样的广告，只见一位著名相声演员在振振有词地给某医院做代言广告："某某医院有几把'刷子'！"其言外之意就是这家医院有医术高明的医生，你们有病就来这家医院治疗好了。常言道，"内行看门道，外行看热闹"，你这相声演员明明是医疗方面的外行，你来凑啥子热闹啊？还不是人家借你的名气来糊弄他人，也不过是你收了人家的"银子"，在不负责任地完成你的雇佣任务而已。至于这医院的水平与医德医风，作为没有亲身体验过的明星，我认为是没有发言权的。所以，凡外行打广告的，人们知道其内幕后，一般都是不怎么相信的。笔者在这里劝世人不宜轻信广告行事，各企事业单位也不要靠明星效应打名不副实的广告去误导消费者。要知道，害人者，终究要被自己所害的。

众所周知，市场经济是人类目前找到的一种运用市场机制配置资源的最好的方法。而激烈的市场竞争，就是其基本特点。因此，没有一定的核心竞争力，企业或个体户就不会有竞争的主动权。我们没有货真价实的产品，没有优质的服务，靠打广告能够可持续发展吗？绝对不行。

改革开放以来，当我们的企业或个体户如火如荼地干事业时。也有一些企业单位的领导或自己创业的个体户，不去认真学习市场经济理论，不在研发新产品上下功夫，不在提高服务水平上做文章，却总是想借名人做虚假广告来诱导被称为"上帝"的消费者来上当。这样的企业或个体户必然是一哄而起，一哄而散的。当市场规则越来越完善后，任何钻空子的行为都是会失败的，任何欺行霸市的做法都是要遭受惩罚的。

因此，企业发展的唯一的途径，就是要真正把消费者视为"上帝"，千万不能让消费者上当。因为，只有这"上帝"才是我们靠得住的衣食父母，没有了"上帝"的买卖是无以成市的。市场竞争的实践早已告诉我们，生意兴隆唯诚信，财源广进赖众人。守法经营，诚信于市，才是我们企业或个人发展的唯一出路。凡是搞"哄、蒙、拐、骗""假、冒、伪、劣"的企业或个人，没有几个不被查处的，到头来也都只是落得"竹篮打水一场空"的下场。希望市场经济的参与者们引以为戒。

我们倡导把消费者真正当"上帝"对待，就是参与市场竞争必须坚持市场经济的客观规律、遵循市场经济的道德伦理，坚守职业道德底线。坚持在为消费者服务时，要把不让消费者沦为上当者，作为我们必须坚守的天职来看待和重视。对生产销售中的"假、冒、伪、劣"行为，要有"老鼠过街人人喊打"的自觉。一定要毫不动摇地坚决堵住劣质产品的源头，带头打击不法商贩的不法行为。

同时，消费者既然是我们的衣食父母，就一定要满足他们真正的消费需求。正如一则广告所言"难言之隐，一洗了之"。如果消费者真正能够获得这样好的使用感，他们也就真正成为"上帝"了，那五湖四海的消费者都会青睐我们的产品与服务的，又何患企业不兴旺发达呢？

"上帝"必须尊重，一定不要让上当的事情在"上帝"身上发生，这应该成为我们企业和个体户们经营的最起码的底线。为此，笔者建议各级政府管理部门要进一步加大对不法经营行为的打击力度，以维护正常的市场经济秩序。宣传舆论工作要进一步加强，在舆论上形成对不法经营的高压态势。真正让"上帝"们高兴了，市场的繁荣也就是名副其实，经济发展也才会是可持续的了。

# 七十　家庭与家风

习近平总书记在会见全国文明家庭代表时强调："家庭不仅是人们身体的住处，更是人们心灵的归宿。"因此，有家必然有一定的家风。文明和谐家庭的创建，就是以纯正家风为基础而产生的。记得一副对联这样写道："忠厚传家远，诗书继世长。"这不就反映了对联主人家里所坚持的家风吗？

据《人民日报》报道，有位老革命周智夫同志，曾经是中国人民解放军原第二炮兵某基地医院的副政委。他含辛茹苦地为党和国家的事业奋斗了一辈子。2018年，年届94岁的他，临终时执意要上交12万元的特别党费，其笃定的信仰令人钦佩。为什么他能有这样的高风亮节？因为，他倡导的纯正家风就是"不留金、不留银，只给后代留精神"。因此，在平时他自觉坚持公私分明。如他享受的公费医疗决不让孩子们享受，说是"一人公费，全家享受"是必须反对的。就这样的身体力行，他为后代留下了一个光辉的榜样。这种可贵的红色家风就是我们的精神富矿，为我们修身齐家指引了清晰的方向。

家风也是我国的优秀传统文化之一，我们要坚持纯正的家风，必须如先哲们所倡导和告诫我们的那样去坚持。如孔子庭训时指出："不学无以立。"强调了不用心学习，就无以安身立命的道理。诸葛亮《诫子书》中的"静以修身，俭以养德"，指明了修身养性的内涵与方法。还有岳母刺字"精忠报国"，具有鼓励儿子英勇杀敌的爱国情怀。朱子家训"恒念物力维艰"的克勤克俭精神等，都是我国几千年来创造的优秀传统文化的真实反映，是家风纯正的高度概括和形成良好家风的优秀文化，至今光彩夺目。

如今，我们虽然进入了中国特色社会主义新时代，但要建立起良好的与时俱进的纯正家风，以不断促进家庭美德、社会公德、职业道德的进步，仍然需要继承和发扬我国的优秀文化传统，这也是家风建设中最基本的功夫。特别是在物欲横流的时候，我们应该大力倡导和弘扬有利于落实社会主义核心价值观的，如"天下为公""无私奉献""公私分明""崇德向善"等体现正确的世界观、人生观、价值观的文化与精神。让优秀的传统文化大放异彩，让纯正的家风在全社会蔚然成风。

我们知道，家庭是社会的细胞，家庭建设好了，对于促进和谐社会建设是大有裨益的。而家庭建设的好坏与家风建设、严格的家教关系甚为密切。因此，我们国家历来重视家风建设，将其作为建设文明家庭的重要组成部分来予以高度重视。而一个家庭的家风纯正，必然能够培养出一代又一代的优秀后人，就能够为国家输送一代又代的优秀人才。因此，家风好，家庭教育严格，是后代们成功的关键所在。我们做家长的一定要承担起把自己的后代培养成为国家优秀人才的重担，不仅要自己身体力行，而且要言传身教，运用纯正的家风去熏陶后代，让他们能够在一个和睦亲善的家庭里健康成长。

有的腐败分子，在贪赃枉法被查处后，在反省自己的罪行时，说什么是想为自己的儿子留一点财富，才不惜铤而走险的。在他们脑子里是没有什么好的家风可言的，因此，到头来不仅不能帮助子女留下什么财富，反而害了他们、害了整个家庭。如果能够坚持加强自身的党性修养，如周智夫同志那样坚持"只留精神，不留财富"，我们就可以成为人民满意、组织放心的好公仆，对自己人生价值的实现，对家庭建设、后代培养都是益处多多的，所以纯正的家风建设关系到下一代，甚至数代人的安身立命问题，特别重要，是决不可忽视的。

正如一句俗语所云："古今来，许多世家无非积德；天地间，第一人品还是读书。"因此，加强思想道德建设，坚持与人为善，认真学习马克思主义、毛泽东思想、"三个代表"重要思想、科学发展观、习近平新时代中国特色社会主义思想等科学理论和能够安身立命的科学知识与技能应该成为我们建设纯正家风的重要途径，一定要始终抓住不放。

这正是：

> 家风纯正家教严，
> 子孙后代得周全。
> 修身养性德为要，
> 为人处世心里甜。

# 七十一　口才与口碑

众所周知，口才是指人们说话的能力。如果一个人思想觉悟高，理论水平也高，其表达能力又特别好，他们说起话来，不仅可以滔滔不绝，而且是特别引人入胜的。因此，有好的口才也是人们特别向往的一项能力。具有比较好的口才，对于从事教育、宣传、广播艺术、思想政治工作、群众工作等，或成为一定的负责人或企业家都是非常必要的修为。

上大学时，我的专业课老师，有严重的口吃，那上课效果就非常不理想。因为，那时候高等院校非常缺乏老师，所以，很多老师都是从各行各业转行而来的，有的专业知识虽然比较好，可是在另外的方面却有些不足，为了开展教学，也就只能将就了，这是那时的局限，也是可以理解的。

一个人口才好应该肯定，若如果一个人口才虽然很好，但口碑不好的话，即使能把死的说得成活的，那也不过是夸夸其谈而已，人们是不会听，也不会认可和看好的。所以，有识之士们就大力倡导"金碑银碑，不如百姓的口碑"。这就告诉人们，一个人要成为社会有用之才，不能只有夸夸其谈的一张贫嘴，而是要注重思想品德的提升与实际能力的培养。平时，必须坚持表里一致，坚持说得到，做得到，坚持说到哪里，就做到哪里，就一定能做好哪里。正如俗话说的，"群众的眼睛是雪亮的"，我们的口碑好不好，群众最清楚。一个人言行一致，其口碑就会不经意间在群众中牢固地树立起来。这样，我们就真正能够进入说话有人听，做事有人跟，工作有人赞的良好状态了。

而一个人良好的口碑，不是自己胡乱地吹出来的，而是扎扎实实地学与干出来的。

记得我刚参加工作时，那时还根本谈不上什么工作经验，但我按照学校老师教育我的"认真细致"的做人做事的精神来行事，很快赢得了单位同事们的欢迎和认可。比如每到寒暑假，单位安排我组织同事们家中的子女参加青少年寒暑假的活动，特别是组织青少年到橘子洲头游泳。这可是事关孩子们生命安全的大事，是决不可马马虎虎的。于是，我和同事们每次都采取了绝对保证安全的各种措施，所以，就做到了每次都能够高高兴兴地去，安安全全地回。因此，后来领导和同事们自然形成了对我的高度信任。凡是我带头组织的这类活动，他们就都非常放心，乐意让子女参加。所以我感觉一个人的为人处世，要在群众中有好的口碑，关键在于我们的一言一行，要真正能够与人为善、助人为乐。始终坚持不图个人表现，不求名利地位。只要对他人有益的事，我们一定坚持做好。同时一个人的口碑，不是一时一事可以形成的。必须有久久为功的恒心与毅力。"三天打鱼两天晒网"的行为是成就不了什么好的口碑的。此外，我们做什么事情，都要真正把它放在心上，决不允许有任何不切实际的空想。比如，我从2014年以来，为了加强健身运动，组织社区老年朋友做"回春医疗保健操"。这一坚持下来就是四五个年头了。有时，我有别的事，但首先要把这件事安排好；如果事先没有安排好，自己又无法到场，就要安排家里人给帮助安排好。所以，我们这个做操活动就能够坚持寒暑不停，下雪落雨也不停。大家反映比较好，说我做事很负责。这"很负责"的三个字的评价不就是一个好的口碑吗？这不是我刻意追求的结果，而是我养成的一种习惯——做事，要么就不做；要做，就一定做好。

　　口才非常重要，口碑却更加重要。尤其，作为有一定领导职务的同志更要严格要求自己，要群众做的事，自己带头做好；要群众不做的事，自己带头不为。如果我们能够以身作则，处处起表率作用，那么，我们的凝聚力、号召力、战斗力就一定油然而生。一个只会夸夸其谈者必定是一事无成的，我们必须引以为戒。

# 七十二　良药与忠言

有句老话说："良药苦口利于病；忠言逆耳益于行。"稍有一点常识的人，都觉得，这句话本身就是帮助人们修身养性的良药和忠言，也是启迪人们"三省吾身"的至理名言。

正如鲁迅在其《思想·山水·人物》中所指出的："倘要完全的人，天下配活的人也就有限。"是的，如同金无足赤一样，这世界上也是找不到一个完美无缺的人的。因此，对于自己的缺点也好，对于他人的不足也好，我们必须有个正确的认识和态度。尤其是，在个人难得有自知之明的时候，特别需要他人帮助。我们有缺点，如果自己还不明白，这就非常需要虚心地去请他人指点和帮助。我们只有虚心地接受他人逆耳的忠言，才能不断进步。如果我们有某些不足，还要讳疾忌医，或者他人帮助我们指出不足的地方，我们还拒之门外，那久而久之，我们一定就会成为孤家寡人一个，不仅思想上难以进步，而且事业上也难以成功。这是非常可怕的。

在对待自己的不足方面，我认为必须有虚怀若谷的胸襟。人非圣贤孰能无过。我们要有敢于吃那虽然"苦口"，但可以治"病"的"良药"的勇气；有不拒绝听"逆耳"之"忠言"的胸怀。就是要主动让人家讲话，帮助自己克服缺点，提高觉悟，以求得思想认识的不断提高，工作水平的不断提升。要知道，任何拒绝他人批评和拒绝接受他人意见的人，都是非常愚蠢的。因为"三个臭皮匠赛过诸葛亮"，有众多的"诸葛亮"的意见，这可是给了我们"良药"来"治病"，我们应该持热烈欢迎的态度，抱求之不得的感恩之心。因为，虚心听取各方面意见，能够集思广益，何乐不为呢？多多益善的事是不应该拒之门外的。

既然世界上没有完人，那么，我们在正确对待自己的同时，也要正确对待他人。与人相处，特别是同事之间，要懂得"取其一，不责其二；即其新，不究其旧"（摘自韩愈《原毁》）的道理。对待别人的不足或某些缺点，我们要有帮助他人改正的勇气和热情，但绝对不能抓住不放，甚至落井下石。要坚持"惩前毖后治病救人"的原则，要从团结的愿望出发，去帮助他人正确认识和改正自己的不足。同时，在对待他人不足之处，我们要注意从三个方面去努力：一是态度要诚恳，不能粗暴，更不能假心假意；二是帮助要热情，不能装模作样，更不能帮倒忙；三是方法要科学，不能疾风骤雨，要坚持和风细雨。要有耐心，还要细心。与此同时，我们还应该坚持方式方法的多样性。俗话说，"一娘生九子，九子九条心"。何况这众多的他人呢，还不是一个娘生的，那"心"一定是各种各样的。所以，我们在帮助他人解决某些不足时，就必须做到因人、因事，采取"一把钥匙开一把锁"的办法，要对症下药地去帮助。这样就容易被他人理解，就可以达到事半功倍的效果。

先哲们说得好："水至清则无鱼，人至察则无徒。"（汉书《东方朔传》）因此，我们一方面要严格要求自己，不断加强科学理论和科学知识的学习，不断地在他人给的"良药"里吸取营养，在他人赠送的"忠言"里获得能量。争取优点多一些，缺点少一点。一方面，我们要宽于责人，不要嫌弃，更不能抛弃有缺点的人。当我们有能力和胆识授予他人"良药"和忠言时，也不要吝啬。更不能对他人的不足采取"事不关己"的不负责任的态度。我们所取的态度应该是：策马前途须努力，莫学龙钟虚叹息！

# 七十三　思路与套路

笔者刚参加工作时，只知道凭自己的一股热情做事。记得有一次，原湖南省物资局召开全省物资系统工作会议，还邀请企业有关人员参加，会议规模比较大。当时，我被抽调去做会务工作，我负责与会人员的会议报到与住宿安排。由于与会人员比较多，而工作人员比较少，报到那天，我们负责会务的三个人整天都忙得团团转。那天下午，有一位分管局领导（当时我还不认识局里的局领导）来到我们报到的房间，他一进门就问道："现在有多少代表报到了？住房够不够？"我头也不抬地回答："我还来不及统计啊。"他接着说："拿个算盘来，我们一起统计一下。"我还生气地说："现在都搞不赢，也没有算盘，还统计做什么？"旁边的人见我这样说话，连忙对着这位副局长解释说："局长。对不起，小黄是公司抽调来的，是一个刚参加工作的同志，工作还不熟悉。"这时，我觉得惹了祸似的，连忙向这位副局长赔礼道歉："局长，对不起，我就去招待所找算盘，把人数统计好后，马上报告给您。"这时，他才笑眯眯地说："初生牛犊不怕虎啊。没有关系，以后多锻炼就熟悉了。只要勤奋，工作是可以学会的。不过，我要告诉你们年轻人，做事情一定要有好的思路，还要掌握工作套路，做起事来就会有条不紊了。"我听了他这一席话，真有醍醐灌顶之感，甚至对我后来怎么干好工作起了很大的引导作用。

是的，思路决定出路。没有对工作的明确思路，也就等于心中无数。心里没有数，怎么开展好工作呢？那就只能做到哪里算哪里，这样做工作是不会有好的工作效果的。有时候还可能处于被动地位，终究要影响到工作的正常开展。如果我在第一次做会务工作时，能够懂得工作套路，就知道把必须用的算盘之类工具准备好，也不至于手忙脚乱，丢人现眼了。

后来，我坚持在工作中学，在学中干，也初步掌握了工作的规律性。对工作是很有帮助的。1987年，我在湖南省劳动人事厅的保险福利处任副处长。年初，处长组织我们开会，研究全年的工作计划。我根据全国、全省劳动人事工作会议对当年保险福利工作的基本要求，及同事们提出的工作意见，在处长的指导下，很快归纳出了我们处在那年的"一三一"基本工作思路，即："突出一个重点——进行企业养老金统筹改革试点；抓好三项日常工作——福利、保险、工龄计算；搞好一项培训——业务培训。"并且围绕这个总的思路，把全处的业务工作都列出了一个初步计划。然后，处长按照这个基本思路，要求各分管同志再制定好具体的工作细则。因为有了这样一个清晰的工作思路和细则，我们再按月去逐步落实，就比较好地取得了工作的主动权。从这年开始，我们处长每年都在年初组织我们讨论，明确一年的基本工作思路。所以，工作也就做得有条不紊。

实践证明，如果工作思路不明确，分不清主次，突不出重点，只知道头发、眉毛、胡子一把抓，那绝对是搞不好工作的。因此，我们做每一项工作都必须有明确的思路。这才算是未雨绸缪，谋事在先。

同时，为了工作有条不紊，还应该讲究工作的套路。所谓套路，它是个多义词，我们所指的工作套路，就是指有比较规范的、系统的技术、方式方法等来开展工作，就可以较好地落实工作思路所确定的目标和任务。这样，工作效率、工作绩效才会有预期的效果。还是以上述我们处1987年确定的工作思路为例，如为了落实"工作思路"中企业养老金统筹试点改革这个重点，我们又仔细研究工的具体落实意见。一是通过调查研究，报经我厅批准，并且再由厅里请示省政府分管领导批准确定试点城市；二是成立改革领导小组，加强领导；三是召开试点城市衡阳市劳动、长沙市市劳动局及省直有关负责同志会议进行部署；四是召开新闻发布会，广泛宣传；五是强调层层要坚持做好宣传发动工作。因为，当时搞这项改革，企业阻力比较大，普遍不理解改革的长远意义，总认为是"刮共产风"，需要做大量的宣传发动工作。上面五个方面的工作都是改革中必须要抓的，也就组成了这项改革的基本工作套路。后来都是按照这个套路开展工作的，改革的进展就比较顺利。经过试点成功后，才比较好地在全省推开了企业养老制度的改革。

我在几十年的工作实践中，体会到工作思路与工作套路是相辅相成的。工作思路是前提，工作套路呢，必须紧跟其后，必须围绕工作思路展开。它是落实工作思路的必然途径，也是提高工作水平、工作效率的基本方法之一。并且，二者是缺一不可的。工作思路强调要谋全局、谋发展、谋长远，有工作目标、任务、日期的要求。既要有一定高度，同时还要注意可操作性。更不能是套话、大话、空口号。工作套路呢，强调的是落实工作思路的周密性，落实任务的可靠性、可行性。如同宴请客人一样，先应该准备什么，后该做什么，再应该做好什么。一步接一步，不可随随便便。包括座位的安排、上菜的顺序、给客人上菜的先后等，都是不能出错的。工作也是如此，要分轻重缓急。

还比如，北京王府井百货大楼的劳动模范张秉贵同志，他在世时，经过刻苦磨炼后，创造了"一抓准"——准确称量糖果等副食品、"一口清"——快速结账收款、"一团火"——对顾客热情的服务态度，这样的工作套路非常受人称赞。有一天，当一位摄影师看到了其工作状态后，对张秉贵同志说，如果把你这工作时的形态拍摄下来，我再给你配上音乐，就是一部小电影了。可见，张秉贵的工作套路是多么令人欣赏，这工作套路也是一门很好的艺术，需要我们认真学习与实践，才可以达到一定的水平。

工作思路是带有战略性的，要求提纲挈领，纲举目张。讲究的是整体性、前瞻性、可实践性。工作套路是战术性的，要求环环紧扣，没有疏漏，没有偏差。讲究的是实在、实际、有可操作性。就是要说到哪里，必须做到哪里，做好哪里。

为了提高我们的工作水平，我们必须在工作实践中，扎扎实实地工作，认认真真思考。善于总结，能够找出工作的客观规律，以提炼出比较好的工作思路，形成好的工作套路。并且二者都需要到实践中去摸索，是没有别的捷径可走的。

伟人毛泽东同志曾经论述过："要想知道梨子的滋味，就亲口尝一尝。"又说："理论与实践的统一，是马克思主义的最基本的原则。"我们一定要按照他老人家的一系列教导，到实践中去摸爬滚打，在摸爬滚打中去理清思路，提炼套路。我们的工作方法、工作水平就一定能够有新的进步，我们的事业也一定会有新的发展。

# 七十四　大事与小事

荀子《劝学》中告诫人们："不积跬步，无以至千里；不积小流，无以成江海。"这句话的意思按照现代文来说，就是：走路，没有一步接一步的累计，就没有办法达到千里的地方；如果不积累小溪、小河之水，就难以成江海。我们在学习和干事业时，又何尝不是如此呢？荀子何止是"劝学"啊，我们从事任何事业时，不也需要这样一种精神吗！拿我国的万里长城来说吧，被列入世界遗产的我国万里长城，从我的西周始建，到清朝才修建起来，总长度为21196千米，分布在河北、北京、天津、山西、陕西、甘肃、内蒙古、黑龙江、吉林、辽宁、山东、河南、青海、宁夏、新疆15个省、市、区。是我国古代的重要军事防御工程。它是以城墙为主体，同大量的城、障、亭、标等结合起来的一道高大坚固而连绵不断的长垣，用以阻隔敌骑的行动。这样一座雄伟的建筑，不就是劳动人民用一砖一石、一担沙子、一担石灰等原材料，在崇山峻岭劳动不止，经过一天又一天，一月又一月，一年接一年地修建起来的吗？因此，我们要做成大事，就必须做好每一件小事。

我国著名企业海尔公司的经营者们就深知这个道理，他们在企业员工中大力倡导的"把简单的事做好，就不简单；把平凡的事做好，就不平凡"的理念让员工们都懂得自觉地立足岗位，扎实做好每一件事。因此，也才能取得经济、人才、社会三个方面的良好效益。

既然大事的成功，是由于做好了每一件紧密相关的小事来决定的，那么，我们要想成就大业，就必须坚持认认真真、老老实实地做好应该做的每一件小事。那些大事做不来，小事又不愿意做的人们，是永远与成功无缘的。雷锋之所以成为伟人毛泽东号召全国人民学习的榜样，就是他坚持在平凡的日子里，把一件件不起眼的好事认真做好。如扶助老年人、小学生过马路，帮助战友理发，多次给灾区捐献他省吃俭用留下来的津贴。就是偶尔乘一次火车，他也要帮助老年人拿行李。这些事都是非常小的事，可是就是他的这一举一动在落实着他的诺言："人的生命是有限的，可是为人民服务是无限的，我要把有限的生命投入到无限的为人民服务中去。"这就是他甘于做小事的思想基础和思想境界，这也是他得以被人们称为"天下第一好人"的缘故。

因此，我们要成就一番事业，要成为一个人们所喜欢、所爱戴的人，必须学习雷锋同志的崇高精神。学习上要戒骄戒躁，工作上要扎扎实实，对待同志要满腔热情。同时，我们要坚持一不拒绝做小事，二不马马虎虎地对待小事。能够在事业上将执着精神坚持到生命的始终，我们就一定会在事业上有所作为、有所成就。

再拿我练习毛笔字来说吧，我就是通过长达二十多年的刻苦练习，学笔法、学结构、学章法、学布局等，楷体、隶书、行书、草书都有接触，对各类名家的字体进行认真欣赏或描写……虽然我的天赋不高，不能成为书法名家，但现在我用毛笔字写春联、标语，或者他人在乔迁之喜，或喜结连理时，我写一幅书法赠送，以资庆贺等，我也可以应对了。小中见大，大由小成。我们只要有这个认识，又能够有如竹子般那样的"扎根破岩中，咬紧从不松。劲节无媚骨，生长乃从容。不怕寒与暑，何惧营养穷。装点千山秀，常在群山雄"的执着精神，我们的事业就一定能如竹林一样呈现出勃勃生机。

# 七十五　看事与干事

俗话说："看事容易，做事难。"我的感觉却是，"看事不容易，做事就更不容易了"。这真是，不亲自去尝一口梨子，是不知道梨子的味道的。面对错综复杂的情况，我们要把事情办好，甚至办出水平来，首先，就要考验我们对事情的认识水平与觉悟程度。只有知道"怎么看"，方可知道"怎么办"。其实，这学问和诀窍有很多时候就藏在这"看"的功夫里头了。

20世纪90年代后期，我承担了人才资源开发的工作，国家和我省都要求把农村人才资源开发与扶贫帮困工作结合起来。当时，正好省扶贫办的同志来我厅商量如何按照国家有关部门提出的开展"为贫困地区搭建科技平台的活动"问题。我觉得机遇来了，就和我们厅专家服务中心的同志与省扶贫办的同志对此进行认真的分析。大家在总结过去的扶贫工作时，都觉得贫困地区之所以长期难以摆脱贫困状态，除了自然条件比较差外，还有一个重要的，也可以说是决定性的原因，就是人力资源开发的滞后，是影响贫困地区脱贫致富的关键所在。大家认为，贫困地区的扶贫，一方面是要"输血"，但更重要的是要通过人力、财力、物力的帮助，提高他们自己的"造血"功能。也就是说，要使贫困地区脱贫致富，必须要帮助那里的人们不仅要有"穷则思变"的志气和自觉，还要让他们具有会变的能力和技术，这才是问题的关键所在。只有解决好这个问题，才可以帮助他们真正从贫困中解脱出来，也才能得以可持续发展。大家形成这一共识后，我们就在制定"为贫困地区搭建科技平台"工作规划中，将为贫困地区开展人才培训工作，把提升志气、提高智力为核心内容的现代农业技术培训班作为一项重要工作来抓。并且报请省政府同意，每年从扶贫经费中，安排200万元作为培训的专项经费。然后，由省人事厅牵头，联合省扶贫办公室认真做好贫困地区农村专业户及小型农业企业老板的培训工作。把贫困地区的小型农业企业的老板或专业户请到湖南农业大学或国家水稻中心，参加为期一个月的现代农业技术的培训。一年办三至四期培训班，争取让更多的贫困地区的农民前来培训。由于老师都是农业大学、农科院的农业专家或教授，教学水平高，并且培训班办在大学和农科院，教学与学习条件都是比较好的，还是分文不取，吃住都免费，来回路费都报销。参加培训后的农民，开阔了视野，增加了农业知识。因此，有的参加了一期后觉得收获特别大，还参加了多期的培训。培训中教授们帮助他们解决了许多生产中遇到的技术难题。这样的举动深受贫困地区参训农民的欢迎，每次报名他们都非常踊跃。这件事，在社会上也反响比较好，认为我们是在扎扎实实地做开发人力资源的工作，扶贫扶到了实处，好钢真正用在刀刃上了。

我的体会就是，要干好一件事，必须先"看"清楚它。所谓"看"，就是要仔细分析我们如何去干好这件事。一般情况下，我们接受工作后，尤其是新的工作，至少要来个"三看"：一是看，曾经干过这件事的人们有哪些经验教训可以供我们吸取的？二是要看，我们要干好这件事，其主要矛盾的主要方面在哪里？三是要看，需要我们采取哪些过硬的措施才可以化解难题？在这"看"的基础上我们再组织人力、物力、财力进行具体的工作，就一定会收到事半功倍的效果。

最怕的是"情况不明，决心大；心中无数点子多"的那种吹牛皮式的工作作风。毛主席曾经教导我们："没有调查，就没有发言权。"所以，我们提倡先"看"后干，就是要求把调查研究的工作做在前面，把问题的症结找在前面，把行之有效的对策研究在前面，把可能遇到的困难分析在前面，甚至还要把谁最适合去干这件事的人力资源配置工作放在前面。这样，我们就可以打有把握的仗了，取胜的概率也必然会提高了。

那种"脚踩西瓜皮，滑到哪里，算哪里"的精神状态与工作作风必然是做不好工作、成就不了大事的。行稳才以至远。因此，我们只要把"看"功练好了，远行就可以是胜似闲庭信步了。

# 七十六　轻重与缓急

小时候在农村，我们小孩子见别人挑粪，就经常念大人们告诉我们的这样一首童谣："猛子猛，挑粪桶，倒掉一点，不知道轻重；走啊走，晃呀晃，一不留神，跌得头破脸也肿。"念完后，大人、小孩都要哈哈大笑一阵的。

参加工作后才知道，这童谣里面还是蛮有学问的。一个人想做到为人处事时能够彬彬有礼，工作中能够始终有条不紊，就必须懂得把握"轻重与缓急"的尺度，才不至于弄得手忙脚乱的。

所谓"轻重"是有多方面的含义的。我体会，首先，与同事或者工作对象打交道时，这里的"轻重"就是要以尊重他人为重，以自己为轻。坚持重友情、重信赖、重缘分、要互相支持、互相帮助。尤其不能打"内战"，否则，无不两败俱伤的。一个团队里，必须把尊重同事作为处理人际关系的第一要务来重视，要把同事关系提升到志同道合的同志关系上来。这样，我们就和同事们有了共同的奋斗目标，就可以甩开膀子同心同德地干一番事业了。因为，团结就是"比铁还硬，比钢还强"的无坚不摧的力量。这"重"字里还包含着，要重视对同事的虚心学习，懂得取人之长，补己之短。还必须懂得自重，加强自身思想建设。坚持自立、自觉、自省、自醒，以严格要求自己，自加压力地不断进步。

所谓以自己为"轻"，就是注意谦虚谨慎。坚持做好人民的"小学生"。任何时候都不要自高自大、夜郎自大。与此同时，我们一定不能轻视他人与轻视他人的意见，要有虚怀若谷的气量。即使他人意见或建议不怎么合适，我们也要坚持做到，不仅不能拒之门外，而且还要认真思考，以从另外一个侧面帮助我们思考问题，改进工作。要懂得一个人的力量是非常渺小的，只有不轻视众人的意见的人，才可以集思广益地把事业做好。

在工作上的"轻重"呢，我的认识，就是要拿得起、放得下。坚持避轻就重的原则。要懂得抓住工作的重点，能够突出重点，这也是提高我们工作水平与工作能力的又一个重要方面。比如，我在职时，借助我们单位的职能优势开展扶贫工作。当时，我们就在考虑，作为人事部门，扶贫工作的"牛鼻子"在哪里呢？我认为这个问题弄明白了，就抓住了扶贫工作的重点。于是，一方面，我和同事们到贫困地区开展调查研究，了解情况、听取当地干部和农民的意见和建议；一方面，我们认真学习国家和我省关于怎么样做好扶贫工作的方针政策。在此基础上，我们再进行认真的分析研究。这样，才比较好地找到了我们人事部门参与扶贫的工作重点是，必须加强贫困地区人力资源开发力度，要借助我们专家服务中心所服务的、各行各业专家的智慧和力量帮助贫困地区提升人力资源开发的水平和力度。这样，就可以造就一支"干得好、养得起、留得住"的农村实用人才队伍。贫困地区有了一定的财力、物力的支持，再配合人力资源开发的保障，其脱贫致富就大有希望了。后来的实践证明，这就是精准扶贫。所以，扶贫的效果也是比较好的。也就是说，强调工作中要突出重点，就是要抓住工作中主要矛盾的主要方面。然后，对症下药，就一定会大功告成。

另外呢，任何时候，任何工作都有一个"轻、重、缓、急"的问题。我们要提高工作的艺术水平，就必须注意这一点，要学会"弹钢琴"，掌握其轻重和节奏。要按照工作目标的要求，根据工作进度、工作性质与工作难易程度，分别制定出"轻、重、缓、急"的工作流程。先干什么、后干什么都要做到心中有数。同时，在思想和行动上还必须坚持"轻"的，不轻视；"重"的，一定不能马虎；"急"的，就先办；"缓"的，也要认真做好的原则。以确保任何方面，任何时候工作都不出现疏漏和差错。我们决不可抓了"重"的而丢了"轻"的，处理了"急"的而忽视"缓"的。因为"轻、重、缓、急"也是相对而言的，决不可顾此失彼。

所谓"缓"呢，不是拖拖拉拉的代名词。有时候的"缓"，是因为条件不具备，或时机不成熟；有时却是缓兵之计，是一种策略，用之得当，也是一种智慧。在处理复杂问题时，是需要有一种沉得住气的"缓功"的。

还有一个"急事"如何急办的问题。据有关报道，有一次某外国元首访问我国后，乘专机回国。可始料不及的是，飞机升空不久就发生了故障，请求返航降落北京机场。北京空管部门负责同志在来不及请示的紧急情况下，果断指挥该飞机在空中卸掉油料后再返航降落。然后，我方有关负责人立刻把这一情况报告给周恩来总理。周总理不仅没有批评他们事先没有请示，而且还表扬这位负责人处置得当，避免了可能发生的重大事故。这就告诉我们，急的事，就要急办；特别的事要特办（当然不是违反政策法律去办），是不可以拖延的，更不可优柔寡断，该当机立断的事就不能犹豫，否则，就可能造成不可挽回的损失。

为人处事的学问是博大精深的。但我们只要认真、勤奋、执着，就一定能把握规律性、具有创造性、富有时代性地开展工作。天下没有馅饼掉，功夫的好坏，就在于我们的努力程度；工作上能不能出彩，全靠我们智慧的高低。为此，我们一定要认认真真、扎扎实实地去学习毛泽东同志的《矛盾论》《实践论》等马克思主义辩证唯物主义思想和理论，我们才会有用之不竭的智慧源泉。

# 七十七　担子与担当

　　一个人走向社会，有了工作岗位就必须挑起工作（生产）的担子，这是众所周知的基本常识。但我们经常看到，一批大学生从各个不同的大学毕业来到一个团队后，不到两三年，他们的表现和贡献就可以分出高低来了。有的出类拔萃，有的基本过得去，有的呢，就被淘汰出局了。同学们之间为什么差别如此之大？这里面除了天赋和人事不宜的情况外，在很大程度上，取决于一个是不是敢于担当的问题。

　　一个人如果身负重担，却总是提不起精气神来，不知道为什么要干和怎样去干，虽然担子在他们肩膀上，可是他们该走时，却迈不了步或根本不愿意迈步，或者即使迈开了步，可还没走几步就丑态百出了；有的则怕吃苦，半路就撂担子了。凡此种种现象所反映出来的，就是他们缺乏担当精神。这样的精神状态，就谈不上有所发现、有所创造、有所发明。更谈不上有所作为，有所奉献了。这是必然成就不了事业的，不被团队淘汰才怪呢！

　　据资料介绍，袁隆平先生20世纪60年代在安江农校带领学生水稻插秧时，发现了农民称之为"公禾"的几根秧苗。他一时像发现了外星人似的兴奋。"水稻这类单子叶植物没有杂交优势"是被国际上著名生物学家下了结论的。可是，袁隆平先生却另有想法："没有杂交优势？那这'公禾'长势怎么这样强壮呢？"一个不怎么起眼的、别人熟视无睹的问题，在他眼里就有了天地般大的作为。于是，他就从发现"公禾"开始，开启了他为之数十年的杂交水稻研究，艰苦卓绝地创造了世界奇迹。如今年届九十岁的他，还精神抖擞地做着水稻的"高产梦"，把解决世界粮食危机的担子稳稳当当地挑在自己年迈的身躯上，其精神境界多么值得我们学习啊。

　　通过袁隆平的先进事迹，不难认识，我们要干一番事业，必须具有强烈的担当意识。必须像袁隆平和"两弹一星"功勋们那样，以天下为己任。敢于自觉地挑重担，并且，担子一旦压在自己肩膀上就必须勇于前行，不被困难所压倒，不被失败所击倒。要义无反顾地奋斗不止，具有不干出一番事业绝对不卸担子的奋斗精神。

要达到袁隆平和"两弹一星"功勋群体的精神状态，关键在于，必须像他们那样，具有"天下兴亡，匹夫有责"的精神境界，有为人类解放而奋斗的执着意识。

在当前，我国已经进入中国特色主义新时代，社会主要矛盾已经转化为"人民日益增长的对美好生活的需要和不平衡不充分的发展之间的矛盾"之际，我们要适应我国社会主要矛盾转化后的新情况，承担起新的历史使命，关键在于我们每个国民，特别是我们负有一定领导责任的公务员都要牢固树立起担当精神。面对新任务、遇到新困难，我们都必须做到不推诿、不回避、不退缩，应该坚定地勇挑重担，砥砺前行。

而要具有这种担当精神，一靠有坚定的信念，坚定的意志，要有不到黄河心不死的定力和决心，具有挑重担的自觉；二靠舍得付出，不怕自己吃亏，在工作上有知不足的精神，有挑重担的恒心；三靠认真学习科学理论与现代科学技术等知识或技术，有挑重担的本事和能力；四是靠在扎扎实实做事的作风，具有挑好重担的务实精神，一定不能好高骛远。

我们如果能够做到上述四者齐备，就没有挑不起的重担，就没有完不成的艰巨任务。

# 七十八 无腿与有心

笔者被《晚霞报》2019年2月22日刊登的《无腿登珠峰，荣获"体坛奥斯卡"》这篇新闻报道所吸引，一口气看完这篇报道，深深被这位新闻人物所打动。这无腿登峰的登山队员，是1949年出生于重庆临江门的夏伯渝。他在1974年，中国登山队海选队员时，经过层层选拔成为1975年登珠峰第一梯队的主力队员，时年24岁。可是，在那次登峰活动中，他为了帮助体力透支、丢了睡袋的同行藏族队友，全然不顾自己的安危，把自己的睡袋给了藏族队友，结果他被冻坏了双脚，后来不得不进行小腿截肢手术。

可事后他并没有因截了双腿而放弃登上珠峰的梦想。仍然坚定信念，坚持梦想，不断积蓄力量向其发起冲刺，直到2018年5月14日，第五次挑战登顶珠峰时顺利登顶，创造了人类历史上的一大奇迹。69岁的他获得了"年度最佳体育时刻奖"，成为继姚明、刘翔、李娜之后的第四位获得此殊荣的中国人。

在备战登顶珠峰的训练中，69岁的他，每天天还没亮，就起床开始进行一个半小时的训练，以保持和增强体能。没有夏伯渝的不屈不挠的奋斗精神，是不可能登顶成功的。

夏伯渝的优秀事迹再一次告诉我们："世上无难事，只要肯攀登。"一个无腿老年人，有着登珠峰的决心，通过顽强拼搏才有了梦想成真的可能。

因此，有心非常重要。这个心就是有理想、敢拼搏、不怕任何困难，甚至为了自己追求的正义或事业就是牺牲生命也在所不辞。夏伯渝就是这样的有心人，无腿的困难吓不倒他，年纪大了也不要紧。一门心思就是不到珠峰不死心、不罢休。因此，他才有豁出去了的定力与决心，他是在玩命似地奋斗着。如他在进行体能训练时，在一个半小时内，要负重10公斤深蹲100组，引体向上100次，做俯卧撑360个。除此之外，还要加上其他一些训练科目以不断突破身体极限。可以想象，他是多么的刻苦和顽强，任何一个健康人要做这样高强度的体能训练都会非常辛苦的，何况是一个年迈的残疾人啊！

所以，我们要学习夏伯渝的优秀事迹，首先是必须学习他的坚定意志。其次是要学习他不怕苦，敢于自加压力的勇气。再就是要学习他几十年初衷不改的定力和毅力。他为了实现梦想，经过了前后四十多年的奋斗。如果我们都能够像他这样具有坚忍不拔的大无畏的奋斗精神，我们也就没有办不成、办不好的事情。这人世间，没有不遇到困难的人生，关键就是我们是否具有克服困难的决心与毅力。

我自己就有过这样的体会，我工作了37年，曾经进行过基建（单位起宿舍，采购材料、卸河沙等）、宣传、保卫、大学生分配、保险费利、党务工作、办公室工作、职称改革八个领域的工作，对于我这个学农业的大学生来说，以上任何工作都是非常陌生的。也就是开始时都是一个大大的"无"字摆在我面前：无工作的基本常识，无基本的工作经验，无任何思想准备——突然接受工作安排的变动。但在这"无"字面前，我坚持一个"有"字：即有服从组织工作安排的自觉，有干好工作的信心，有不怕困难的劲头。为此，我坚持学习不止，坚持干一个岗位，就扎扎实实地学一个岗位的基本知识和方法。学的方法也是多方面的，一向老同事学习，二向书本学习，三向实践学习。这样下来我基本上能够胜任每一项工作了，有的工作做得还比较出色，曾经受到过常务副省长的肯定和表扬。

可见，这"无"的缺陷并不可怕，能否成功的关键在于我们能不能做个有心人，能不能用心、耐心地对待我们将要承担的工作或遇到的各种各样的困难。

这正如脍炙人口的歌曲《爱拼才会赢》的歌词所描述的那样："人生可比是海上的波浪，有时起，有时落……三分天注定，七分靠打拼。爱拼才会赢！"

我坚信唯有拼搏之心长在，才有赢的可能！

# 七十九　爱心与爱情

　　我曾经参加过许多次年轻人的婚礼，见证了亲朋好友们对两位新人的美好祝愿。在每一次的婚礼上，新人也无不信誓旦旦地向众人宣示："无论是贫穷还是富贵，也无论健康还是疾病，都要无怨无悔地坚持白头偕老，相依相伴，不离不弃。"可现实情况又怎么样呢？有的蜜月尚没度完，就离婚了；有的孩子一出生就拜拜了；有的一天到晚吵吵闹闹战斗不止；有的甚至闹得家破人亡。

　　据有关资料介绍，已婚的"80后"人口，虽然在总的婚姻人口中占比不足20%，但他们的离婚率要比其他年龄段高出10倍有余。这一对比令人触目惊心。缺乏责任感、一方过于强势导致的关系失衡、家庭经济压力大已经成为导致"80后"年轻人离婚的主要原因。无论是女性还是男性，大多数"80后"都还没有准备好如何相互妥协、和平共处，双方缺乏容忍。另外，对"80后"来说，他们离婚显得更加简单、快捷。因为，他们大多数属于"三无"情况："无子女、无（共同）财产、无（共同）债务。"这也说明，他们婚姻之所以维系时间短暂，根本原因就还没有真正的相守到老的爱情共识。

　　在笔者看来，夫妻之间能不能白头偕老，关键是看有没有爱情的基础。正如有人调侃的，如今这简化了的"爱"字，"友"字上面那"心"字没有了，就好比如今的年轻人一样，他们的婚姻就是缺乏爱心与用心。没有爱心，彼此不是真正在彼此相爱，甚至没有值得爱的地方，这婚姻是难以维系的。

　　因此，最基本的常识，就是要有真正的爱情，应具有正确的婚恋观。婚姻是什么？婚姻一方面是幸福的，两个陌生人从相识到相知，再发展到相爱，心心相印地结合在一起，当然是非常幸福的。可是结婚后，婚姻所展示的又一方面呢？就是责任，互相要对建设新的家庭负起责任来。这不是同学或朋友、战友聚会，是可以随聚随散的。而结婚后，男女双方都必须对自己负责，对双方父母亲负责，有了孩子还要对孩子负责，对社会的和谐负责。这样就要求男女双方都要自觉地挑起持家兴业的重担。在生活中不推诿、不偷懒，坚持互相照顾、互相关心、互相帮助；贫穷时，做到不气馁；富贵时，坚持不骄奢；如疾病发生了，要互相帮助，战而胜之。唯有夫妻之间相濡以沫，携手并进才可以到达天长日久的幸福彼岸。

说来说去，实践证明，爱人、爱人，关键就是必须用心去爱。任何虚心假意、粗心大意都是夯实不了坚固的婚姻基础的。也就是说，爱人之间必须有真正的爱情。这"情"字呢，是由一个"竖心"旁与一个"青"字组成的。这意味着，必须清清白白地爱，不能掺杂虚假，不能马马虎虎。有了真心相爱，有了情有独钟的爱，这婚姻就真正牢固了。

同时，还必须明白，家庭不是法庭。我们要坚持做到讲理，去法庭；讲情，在家庭。要赢，不要赢在夫妻之间，要赢在学习与事业上。夫妻之间一定要坚持：多一点理解，少一点指责；多一点自觉，少一点催促；多一点感恩，少一点索取；多一点关心，少一点埋怨；多一点包容，少一点吵闹；多一点奉献，少一点推卸。才会形成家庭中"有了矛盾不急躁、有了重担一起挑、有了孩子一起教"的欣欣向荣的好气氛，夫妻之间也就会越来越亲密无间了。

因此，不论男女，在挑选你的一半时不要以貌取人，不要以财取人，不要以势取人。要用心去认识人，在接触中去考察人，能够进入情投意合的佳境，就算是把真正能够值得爱一辈子的那一半找对了，就有一辈子的幸福相伴。

笔者，作为一个男性，在婚姻上是深有体会的：

"婚姻要持久，男人当帮手。任劳又任怨，和谐是基础。疾病不嫌弃，勤奋必坚守。贫穷是考验，两个要携手。女人称'堂客'，尊重定为首。成家如恋爱，客气跟着走。用心求共识，婚姻牢固有。如果只爱钱，就可快分手。"

# 八十　袖手与援手

在汉语里，有个成语叫"袖手旁观"，袖手是把手揣在袖子里，这个成语的意思就是，双手放在袖子里，在旁边观看，比喻置身局外。其出处见之于我国宋朝苏轼写的《朝辞赴定州论事状》："弈棋者胜负之形，虽国工有所不尽，而袖手旁观者常尽也。何则？弈者有意于争，而旁观者无心故也。"

笔者看来，这下棋、玩扑克牌，或者搓麻将之类，纯粹是一种娱乐，作为旁观者，应该只看不说，袖手旁观状为最佳状态，也最受人尊重。我曾多次遇到过这样的情况：人家在下棋，兴趣最浓时，可有观棋者心动手痒，公然喧宾夺主，伸手去动棋子的。结果呢，让对弈双方都极为不满，闹得大家不欢而散。还有的是人家在玩牌，有好事者走过来就围着四人的牌仔细看一通，然后就到一方指指点点叫人家怎么去出牌，此种情形也是无不受人嗤之以鼻的。

所以，还是我们的老祖宗说得好："观棋不语真君子。"所谓君子也，就是有修为，该袖手旁观的就不要七嘴八舌的，也不要自讨没趣地去指指点点。别人玩牌与下棋，就应该让他人尽兴地去玩，作为局外者，有什么理由去搅和他人呢？如果自己想露一手，不如找来几个人去玩好了，免得讨人嫌弃。以苏轼所言"而旁观者无心故也"为妙。这也是我们平时待人接物中的基本常识，是不可疏忽的。所以。这袖手旁观，用在娱乐场合还是蛮好的。

可是，在他人遇到危险时，或者有急事迫切需要人们帮助时，我们就绝不可袖手旁观了。必须主动地、勇敢地见义勇为，甚至需要我们果断地拔刀相助的也要在所不辞。

我在长沙市生活了50多年，每到夏天游泳季节都听闻有溺水的或因一时想不开而投江自杀的……但由于屡次都有见义勇为者伸出援手，帮助他人得以死里逃生。每当这样的新闻报道出来后，无不让人感动。特别是当今时代，在物欲横流的社会中，人们还能够坚持见义勇为，是非常难能可贵的。所以长沙市也真正不愧为雷锋同志的故乡，好人好事年年月月都是层出不穷的。

见义勇为是一种善举，是具有一颗善心的人们才会有的自觉行动。因为，事前没有任何准备，也没有人给做思想动员。可是，当他们遇到他人需要救助或帮助时，就能够挺身而出，立即给予援助，这是他们与人为善的良心所驱使的自觉行动。他们有时甚至还要不顾自己生命安全来救助他人。所以，他们往往救助的虽然是一个人，却温暖了无数世人的心，给社会提供的正能量也是无可估量的。

　　见义勇为还是一种具有英雄气概的壮举。当不法分子在公共场所偷窃他人财物，或有无赖之徒在行驶的公交车上抢夺驾驶员方向盘危及乘客安全时，或在歹徒行凶时，人们能够挺身而出、拔刀相助就是非常不容易的。所以，这样的见义勇为必须具有大无畏的献身精神，必须有反应非常快的心理素养，必须有快刀斩乱麻的利落，也是最值得称颂的行为。

　　在关键时刻不至于袖手旁观，最重要的是要培养一颗火热的善心。而这善心的养成，就必须具有正确的三观（人生观、世界观、价值观）。一个人来到社会，生命非常短暂。雷锋之所以能够长期坚持做好事，就在于他的人生观非常正确，他就能执着地"要把有限的生命投入到无限的为人民服务中去"。在需要见义勇为时，能够做到不袖手旁观，不畏葸不前。因此，我们要能够主动地给需要帮助的人们以援手，就必须像雷锋同志那样对同志有春天般温暖的热情，对人民有高度负责的精神。一个人必须懂得人生，不仅仅是为了自己个人的生活平安，还应该处处考虑他人的安危和幸福感，我们的人生就更加有意义，我们的事业也必然会更加出彩。

　　袖手与援手，虽然是一字之差，但区别却是非常大的。必须正确对待。该袖手的我们一定不能伸手，如上述娱乐活动，我们不参与就袖手旁观。对于国家或集体及他人财物我们要"袖手"，千万不能据为己有。对于名利地位我们也要注意"袖手"，如果我们表现突出，组织上一定帮助我们实至名归的，完全用不着自己去伸手的。比如，我在担任副处长后，就坚持不去争处室那个"先进工作者"的名誉。提拔为处长后，我也倡导副处长不要和下级争名。我认为负责人理所当然地应该比干事做得好，这是责任所系，担当所系。整个处室工作做好了，对事业发展更加有意义，我们个人当不当先进是无所谓的。

　　该伸出援手的呢，我们一定不要吝啬。尤其是共产党员，应该把帮助人民群众解决困难、化险为夷作为保持先进性的重要内容来要求。因此，抗洪抢险、抗震救灾、扶贫帮困、扶贫助学、见义勇为等都应该起积极的带头作用。平时，我是非常注意这个问题的，记得单位每一次组织捐款捐物活动，我从来没有落后于他人的。我退休后还数次参与了为安化贫困学生捐资的活动。这样的援手，我认为比什么都重要。因为贫困地区的贫困，在某种程度上就是人力资源开发滞后的反映。贫困地区教育事业发展了，对脱贫致富有着根本的促进作用。

《好汉歌》歌词说的好，"该出手时就出手"。坚持公而忘私，见义勇为，我们才可成为人民群众喜闻乐见的好汉。

# 八十一　多心与省心

平时，我们经常听到这样一句话："哎呀，你真的多心了，我不过是开玩笑的啊！"所以，当我们把人家开玩笑也当起真来时，人家就说我们是多心了。因此，我们平时要加强修身养性，要懂得什么时候不多心，什么时候该多心，什么时候还要省心的艺术。我们就可以生活、工作得更加放心和省心了。

那么，这"多心"的艺术在哪里呢？前面说了，别人开玩笑，只要不是恶作剧，我们就必须坦然对待，不必多心。邻居、同事、朋友在玩牌或搓麻将或下棋之类，我们也不要去"多心"，以袖手旁观为妙，避免不必要的纠纷发生。还有夫妻之间的争争吵吵也是难免的，只要不发生斗殴，也是不要我们多心的。因为"夫妻吵架不计愁，白天一锅饭，晚上共枕头"，是无须旁观者多嘴多舌的。这不多心的同时也就省心了。

可是，在对待工作上，我们一定要"多心"，决不能省心。即工作中要仔细考虑，要用心与细心；千万不可三心二意，这就是要尽心；工作中遇到困难呢，要有耐心，决不能畏葸不前，要有百折不回的恒心；同时，工作就要敢于负责，必须热心。还必须集中精力做到专心致志。就是别人委托的工作我们也要这样对待。工作是不可粗心大意的。因为，"祸故多藏于隐微，而发之于人之疏忽"。因此，工作中有心的人是很少出现差错的。因为，他们真正在用心做事，所以也就靠得住、信得过、不出事。比如，我们要驾驶汽车远行，汽车是用心保养过了的，设备都处于良好的运行状态，油箱里也加满了油，该备用的材料或其他需要准备的事项都准备无虞，那么，我们一路上就一定是非常省心的了。实践证明，工作上要省心，事先必须精心准备，做到未雨绸缪，才可大大地省心。

在交友或与同事共事时，我们也要倡导"多心"。对待朋友、同志，一是要有真心，不可虚心假意；二是要诚心，不可刁钻使滑；三要实心，待人接物实实在在。这样必将是：朋友遍天下，贵人常相助，力量得积聚，事业大发展。

　　而我们欲想在工作和待人接物的水平上得以不断提高，还必须在学习上"多心"。首先，要静心——耐得住寂寞和清贫，学习不急躁。其次，要耐心——要具有"板凳要坐十年冷，文章不写一句空"的执着精神。再就是，要有决心——要有不到黄河心不死的定力，需要具有学习不搞好就决不收兵的毅力。唯有这样去用心学习，必然是学业有成、工作有为、朋友喜欢。

# 八十二　美容与宽容

"美容"与"宽容"，似乎是风马牛不相及的，但我们仔细推敲它们之间也还是有一定关系的，请让我慢慢道来好了。

在人们过上小康生活后的今天，美容美体已经在人们生活中愈发凸显出其重要性。这是我国欣逢太平盛世的新气象，也是我国社会主要矛盾发生转化后的必然现象，是可喜可贺的。

确实，美容值得倡导。但人生要过得更加有意义，除了外表美，还应该更加重视内在美。这就是必须加强学习，提高道德修养。只有内外都美的人，才不愧为时代健儿的。平时，我就遇到这样的现象：有的人看外表也是楚楚动人，可是当他（她）遇到不如意之事的时候，就丝毫没有半点宽容之雅量了；有的打扮得非常时髦，怀抱一只宠物，可是到公交车上就丑态百出用宠物占座位，见老人来了也不让座，别人批评他们，还恬不知耻地来一番狡辩；有的人虽然外貌堂堂，可是在公共场合购物、上下车船与飞机就没有一点文明礼貌的样子，总是争先恐后，旁若无人地插队；有的外表文质彬彬，可是开口就显得十分粗鲁，只能令人敬而远之了；还有的虽然十分讲究穿戴，可是却不能严格要求自己，没有一点自知之明，听不进别人的好心劝导，还强词夺理。凡此种种现象，说明徒有外在美，而没有内在美是与社会很难融合的，也不会让人喜欢；如果生活在一个团队里，也是必然会影响其凝聚力的。

在党和政府大力倡导弘扬社会主义核心价值观的当今时代，笔者认为，重视美容是应当的，我们也用不着去对他人评头品足。可是一个人不注意修身养性，不重视内在美的修炼也是不对的。人，作为社会的一分子，必然要和他人打交道。因此，我们的言行符不符合大众的要求，与社会主义核心价值观相不相吻合是非常重要的问题。因此，在重视外在美的同时，必须同样重视内在美的提升。要把真正成为一个表里一致、德才兼备的好公民，当成我们人生应有的追求。

比如说，在与人们交往时，必须坚持人文精神，要在待人接物中多讲宽容。对他人的弱点或缺点我们应该注重善意地帮助，而不是讽刺、挖苦；对他人的意见不是顶回去，而是要以虚怀若谷的气概，认真思考，坚持有则改之，无则加勉的原则，而不要借口他人的态度与动机去排斥；甚至反对不同意见；在名利面前也是如此，要有见困难就上、见荣誉就让的"君子"风度。唯有这样，才能体现出我们外在美与内在美的和谐统一。

我们倡导内在美与外在美的一致性，还在于一定要克服"山间竹笋，嘴尖、皮厚、腹中空；墙上芦苇，头重、脚轻、根底浅"的毛病。平时，要坚持在穿着上漂漂亮亮、整整齐齐；在工作和学习上也要认认真真、扎扎实实。这样我们的人生与工作都是会非常出彩的。最可怕的就是：嘴尖——只会讲漂亮话，不会做实实在在的事；皮厚：——脸皮厚，没有自我批评精神，即使有人好心帮助之，仍然是不进油盐，一股死猪不怕开水烫的样子；腹中空——徒有外表，不思进取，不认真学习，时常是知识贫乏、能力弱化，不受他人欢迎，对工作也无不带来负面影响。

总之，这人生的外在美与内在美的统一问题，是人生的又一艺术活，是需要我们不断学习、反复实践，才可以进入理想境界的。为此，我们还是要借鉴先哲们的智慧去完善自我。"乐人之乐，人亦乐其乐；忧人之忧，人亦其忧"，有了宽容的胸襟，美容修身也会相得益彰的。

# 八十三　劲与静

改革开放以来，"风景这边独好"。在国家兴旺发达，人民安居乐业，民族和谐团结，社会安定有序的大好形势下，真正的体现出"人逢喜事精神爽"。于是，从祖国的大江南北，到长城内外，无论是城市还是乡村，每到傍晚人们就来到了公园或空坪隙地跳起了广场舞。只见，人们跳那广场舞的劲头一个比一个足，那热闹的情景呢，乡村比城市也不会差多少。

人们跳广场舞的劲头长盛不衰是好事，但由于广场舞的音乐与人们的喧嚣结合在一起，也难免影响了周围人们平静的生活。结果就有人以不同方式提出意见，甚至还发生了采取不文明的方式驱赶跳广场舞的人们的闹剧，于是人们还不得不打110，请民警来调解。但目前广场舞的噪音影响环境的问题始终没有得到妥善的解决。

可就在这"山穷水尽疑无路"之际，但见"柳暗花明又一村"的情况发生了。2019年3月27日，人民网官微，发出一条新闻，主角是一群重庆大妈，戴着耳机，悄无声息地跳着广场舞。看过此新闻，笔者为之振奋。这"静音广场舞"就体现了大妈们在热衷于广场舞的劲头不减的同时，还能虚心听取群众意见。她们所采取的这"无声胜有声"的科学做法，既满足了自己劲舞健身的需求，又最大限度地减少了对他人的影响和干扰。难怪周围的人们都要竖起大拇指来点个赞，不少网友还表示希望能在全国各地推广她们的做法。

我国优秀传统文化中有"己所不欲，勿施于人"的古训。是的，广场舞有利于身心健康，我们起劲地跳，似乎是天经地义的事情。可是，我们来一个换位思考，假设你是比较好静的一位，如果人们天天在你的房子前面吵吵闹闹地跳广场舞，甚至，因此而使你长期休息不好，还引发了高血压，那你将会怎么对待呢？由是观之，我们做什么事情都要不只管自己的劲头如何十足了，还得将心比心地考虑我们这"劲头"对周围人们会产生怎样的影响。也就是说，一个人能自觉地为他人着想，也是我们应该遵循的社会公德。所以，这"劲"与

"静"的文章是需要自觉坚持社会公德的人们去认真做好的。比如我们住在楼上的人，在到了人们都要休息的时候，迫切需要的是"静"。那我们是不是走路也不要太用劲呢，以不妨碍人家休息为好；还有到傍晚，孩子们要抓紧做作业，也是需要静的时候，我们作为邻居在做家务时也不要旁若无人地去使劲地弄，免得造成噪音影响孩子学习；就是到医院看望病人，如果看见病友正在安静地休息，我们走路也要轻手轻脚的，说话也要轻言细语的。如果我们大声喧哗也是不礼貌，甚至是不道德的行为；在参加同事、朋友或者其亲属的遗体告别仪式时，应尊重逝者，这时候也是容不得任何人去大声喧哗的。所以，类似于这样的场合我们必须保持安安静静的，为逝者送行，给生者以安慰。

　　要做好"劲"和"静"的文章，首要的是要加强个人的修养，不断完善自我。把劲用在学习工作上，而不是用劲去妨碍他人平静的生活学习与工作。其次是要杜绝"因善小而不为，因恶小而为之"的错误思想。必须注意小节，不要因小失大。再就是，注意加强"人贵有自知之明"的修炼，注意"吾日三省吾身"，始终能够坚持真理，改正错误。

# 八十四　共享与共想

近年来，自国家提出共享发展理念之后，共享单车就在我国大中城市如雨后春笋般涌现出来，为打通"最后一公里"发挥了积极的作用，大大地方便了人们的出行。这是共享单车的发展优势，也是众所公认的益处，因此，我们必须积极支持发展这一新兴事业。

但通过这几年来的实践证明，共享单车的治理还有一个"共想"的问题没有解决好，所以带来的种种弊端也是不容疏忽的。一是有的企业见有利可图，出现了一哄而起的现象，共享单车出现了供过于求的现象。于是，共享单车被到处乱扔的情况屡禁不止。并且使得部分共享单车变成为影响市容和交通的垃圾。在有的企业不得不退市后，其原来的有关押金又没有妥善处理，因此造成了社会不稳定的因素。二是政府部门关注不够，在宏观指导上缺位。给共享单车的有序运营带来一定影响。三是共享单车的管理在技术上还要积极跟进。四是公民的公共治理意识与共享事业之间的差距还必须缩小，不爱护共享单车的行为比比皆是。五是城市管理部门面对共享单车这一新生事物，其管理对策滞后。凡此种种情况，是影响共享单车运转和发展的主要原因。这就迫切需要各有关方面去共同思考，以提出切实可行的解决办法，方为上策。

在笔者看来，要想把共享单车事业发展好，一定要动员大家"共想"。共同享受的事业，没有大家的参与和思考是搞不好的，怎么样来"共想"呢？

先说政府部门的工作，对于市场经济条件下的政府来说，其承担的是"经济调控、市场监督、公共服务、社会管理"四个方面的职能，而共享单车既有经济调控的问题，也有市场监督的问题，同时还涉及公共服务与社会管理。因此，大中城市的政府部门应该将共享单车管理纳入其职责范围内，经常要去想一想、议一议这个问题。如经过缜密研究提出共享单车的控制数量，加大对于共享单车中的"害群之马"的惩处等，以做好精心调控的工作，确保共享单车的有序发展。

其次是，参与共享单车运营的企业先要认真地想一想，我们在投入这个事业时，市场需求情况怎么样？企业本身的技术水平适应程度如何？企业的服务工作能否及时跟进？这些问题是必须要想明白才可以参与其中的。比如，对于不讲社会公德的人乱扔乱丢共享单车的问题，我们有没有从技术层面上去解决的能力？比如，要不要设置共享单车存放的电子栅栏等科技含量比较高的管理设施等，都是需要我们动脑筋去想的问题。

还有作为城市主管部门，面对方兴未艾的共享单车出现，有的甚至已经影响了城市的市容了，老百姓都非常不满意了，我们作为城市综合管理部门应该有什么新的管理对策？我们难道不应该有所作为吗？应该主动地在这个问题上加强调查研究，给政府当好参谋，为有关企业把好脉，提出管理共享单车的新对策。比如要协同交通管理部门划定共享单车投放点，规划非机动车道，禁止共享单车上机动车道等。

最后就是，享受共享单车的公民，共享单车给你带来了方便，你仅是坐享其成，还是将其作为一种公共事业来对待？也是需要我们经常想一想的。比如，坚持做到安全行车，不违反交通规则，注意存放、注意爱护等。这是起码的公德，是绝不可以缺失的。缺失的结果呢，我们就会成为共享单车的"害群之马"。

再有一个根本之策，就是要加强管理共享单车事业的立法工作。在依法治国的当今时代，共享单车事业的发展也需要法律来保驾护航。要通过立法来明确政府、企业、公民在共享单车方面的权利与义务及法律责任。这样，依法办事才有权威；有法可依才好办事；执法必严，治理才有效果。

总之，要想共享单车事业生机勃勃，既满足消费者的需求，又不影响城市管理，唯一可行的就是要落实有关各方面的主体责任，形成"共想"机制，令众人主动承担各自的责任。这样，共享单车管理有序，发展持续的良好态势就一定会出现在我们大家面前。

# 八十五　教书与育人

教书育人是一个整体，如果硬要把两者分开，那一定是一个不合格的教育工作者，也是不符合党的教育方针的。因为，国家发展教育事业根本的目的，就是要培养造就一代又一代的社会主义现代化的建设者和接班人。倘若我们培养出来的一个个都是书呆子，他们怎么能够成为社会主义的合格建设者或可靠接班人呢？

我的成长过程，就充分证明只有教师们能够坚持既教书又育人的基本教育原则，才可以让学生们实现品学兼优的梦想。在我的印象中，我读高中时的班主任王润波老师、教语文的邱伯桃老师、教俄语并兼任班主任的蒋崇富老师在教书育人上都是比较在行的老师，是始终坚持既教书又育人，使二者从不偏废的好榜样。

先说我高中时的班主任——王润波老师，他担任班主任非常尽职尽责，唯恐一个学生掉队，管理比较严格。他总是强调学习成绩要好，思想进步也不能放松。他把班上同学分成若干小组，选举出小组长后，就由小组长在课余带领我们学习毛主席著作，连到了紧张的高考前夕，也没有停止过对毛泽东思想的学习。有这样严格的要求，学习文化与政治的风气特别浓厚，我们班三年来没有一个同学违反学习和其他纪律的。尤其是他组织我们开展学习雷锋同志的活动后，同学们更加自觉了。记得那时开展勤工俭学，他组织我们在课余劳动，有个学期我们坚持了一个多月，每天晚餐后挑石头，用来修建学校围墙。几十米长、两米高的围墙就是用我们同学们挑来的砖石筑起来的，为学校节约了资金，也培养了我们劳动的习惯。平时，还带领我们开荒种红薯、蔬菜等。有个学期，我们正准备期终考试时，安化县委、县政府召开全县"贫下中农代表大会"，会议要求学校抽调学生去当服务员。为了锻炼我，王老师又把我们班的唯一的一个名额给了我。在二年级时，我和另外一个同学还被抽调晚自习后去做学校的保卫工作，直到12点才休息。由于休息不够，白天上课犯困的我，在王老师的鼓励下也坚持下来了。并且还让我担任过初中一年级的辅导员，每逢星期六就去初中的一个班上带领学弟、学妹们开展活动。通过这些锻炼，我学习上能够跟得上队，在为人处事上也逐步地懂事多了。

邱伯桃是我高中语文老师，他除了精心教学，对同学们的成长也特别关心。连同学们的生日他都记得。在他组织的全校作文比赛中，我写的《喜丰收》一文，曾经被邱老师评为全校第一名，这对我鼓励特别大。是那次作文比赛开发了我的写作热情，参加工作后，我先后在《人民日报》《中国人事报》《瞭望周刊》《求索》《湖南日报》《湖南法制周报》《湖南人才信息报》等报刊发表了不少文章。退休后还写了《小故事里的人才术》一书，由中国言实出版社出版发行。到如今我退休13年来还是笔耕不倦，这就是邱老师培养的一个好习惯。他还在教学之余把同学们叫到他寝室里，给我们介绍中国新闻业的先驱邹韬奋先生的优秀事迹，用邹韬奋在抗日战争时期"题破稿子百万张，写秃毛锥十万管"的顽强战斗精神鼓舞我们好好地学习与做人。我上大学后，有一次晚上我去看望他，他连忙把我带到安化县城的饭店，吃了一碗"三鲜面"，在短缺经济时代能吃上这样好的食物，这可是让我一辈子也忘记不了。邱老师总是在这些细微之处帮助学生在学习与做人上不断进步。我在其潜移默化的教育下，也学会了怎么样为人的许多常识。因此，当我也成为兼职的硕士生导师时，我对学生除了认真负责教学外，还非常关心他们的生活，每逢星期天，我就把学生请到家里，在辅导他们学习的同时，每次都要留他们在我家吃饭，我还特意要保姆多做几个好菜给同学们改善生活。有一年一个学生寒假没有路费回家过年，我知道后，马上送400元钱给她。因此，学生与我关系非常融洽。

蒋崇富老师，原本是我高中的俄语老师，教我们的课也仅两个学期。他原来是学地理专业的，20世纪50年代国家要求中学生学习俄语，那时俄语老师稀缺，他服从组织安排改行教俄语和兼任班主任老师。他自己有夫妻两地分居的困难，可他全然不顾，一门心思投入在教书育人的事业上。平时认真负责学生的学习与生活，随时关心学生的成长，同学们无不称赞他。我到长沙来上大学时，他一清早就起来为我送行，并且一再交代我一定要好好学习，争取成为品学兼优的好学生。因此，我一直铭记他的教诲，顺利地完成了大学的学业，还能留在省直机关工作，成为国家工作人员。蒋老师在调入长沙市原郊区教师进修学校后，还在关心我，要她上大学的女儿利用课余时间辅导我儿子的学习直到高中毕业。他关心他人总是超过自己，可是自己遇到什么困难却从来不麻烦他人。如他自己患病就从不告诉同学们。一次，他做胆结石手术，就一个人躲到安化县人民医院去做了，事后我们才知道。前年他患了淋巴癌也要另外一个老师给他保密。因此，蒋老师的为人让我们学生非常感动。当他去世后，其在全国各地的学生都通过各种方式表示悼念。可见其为师是多么的值得学生尊敬和怀念。

马克思主义告诉人们，人是社会关系的总和。教育事业就是要使人能够融入社会，成为社会有用的人才。因此，我们党的教育方针，一直是贯彻教书育人原则的。党的十八大就进一步明确了"坚持教育为社会主义现代化建设服务、为人民服务，把立德、树人作为教育的根本任务，全面实施素质教育，培养德智体美全面发展的社会主义建设者或接班人，努力办好人民满意的教育"。这就要求我们每个教育工作者在教育工作中必须做到既要教好书，同时还要育好人。这样的教育才符合党的教育方针，才能真正让人民满意，也才能真正培养出合格的社会主义现代化建设的建设者或可靠的社会主义现代化建设的接班人。

# 八十六　鱼与渔

鱼者为名词，是可食之物；渔者为动词，是捕捞鱼的方法也。所以，一些有识之士就指出："授之以鱼，不如授之以渔。"此见解是非常明智的。要知道，授之以鱼，得鱼者也只能是吃一餐或几餐的。一般情况下，这是无济于事的。而授之以渔，渔者只要不偷懒，又何患无鱼可吃呢？还可以渔业谋生，甚至做强、做大一个产业，发家致富也就指日可待了。

眼下，为圆中国梦，实现中华民族伟大复兴，党中央提出了建设创新型国家的战略措施。坚持走创新驱动的发展之路。倡导大众创业，万众创新。这是高瞻远瞩之举，既具有十分重要的现实意义，同时也具有深远的历史意义。人作为生产力中最活跃，也是起决定性作用的因素，在以人为本，驱动创新的今天，我们一定要加大对人力资源的开发力度，其中最重要的一点，就是要加大力度开发各类人才的智力，提升其活力。而开发工作的效果则取决于是授之以"鱼"，还是授之以"渔"的问题。

为此，我们在人力资源开发中，一是要坚持对症下药。采取缺什么补什么，需要什么就增加什么的原则，一定不能进行只有形式而不讲效果的所谓培训。二是要坚持因材施教。发挥优秀人才的优势，一般人才进行普及性的培训，优秀人才要进行重点培训。为他们源源不断地蓄电聚能创造条件，使他们有"击长空""翔浅底"的本领，有勇挑重担的意志。三是要遴选教学水平高的老师，坚持走"名师出高徒"的培养人才之路，不断创新培训方式。要使培训对象既"学得会"，还"晓得做"。让他们创新能力逐步得以提升。四是要创新培训教材。根据创新驱动的要求创新培训教材，不要老是吃人家啃过了的馍，老是跟着人家后面跑。否则，就会陷入"落后挨打"的被动局面。五是要加大培训工作效果的考核评估。既要考核参加培训人员的学习效果，同时要考核培训工作本身的效果，还要考核培训教师的教学水平。这样就可以把"授之以鱼"，还是"授之以渔"的问题解决好，创新驱动也才有可靠的人才资源与智力保障。

世界纷繁复杂，市场竞争如火如荼，发展局势千变万化。我们欲有"胜似闲庭信步"的定力与能力，那么，我们就必须坚持在任何时候都不可忽视人才资源的有效开发。因为无论大众创业，还是万众创新，都需要科学技术来支撑，才能坚持可持续发展。

# 八十七　相马与赛马

在人才资源已经成为第一资源的当今时代，国家实施人才强国战略以来，各机关、企业、事业单位及各人民团体为了实现人尽其才、才尽其用，在选人、用人方面都比较重视，这是非常明智的，也是值得继续发扬光大的。但在究竟怎么选准人、用好人上也还有一些不如人意的地方。如人才评价制度的创新、人才推荐渠道的局限等方面还需要做更为细致的工作。这就难免不影响人才积极性、创造性的发挥，这也是迫切需要我们下力气加以解决的重要问题。

常言道，"千里马常有，而伯乐不常有"。因此，在选人、用人上，仅凭伯乐来"相马"，显然是非常局限的。在笔者30多年的人事人才工作实践中，就深刻认识到，我们要把人才选拔和使用好，比较可靠的办法，还是应该把"相马"与"赛马"这两者有机地结合起来。

"相马"这个传统的用人方法，也不要全部废弃。即请群众当伯乐，请他们向组织或单位推荐合适的人才，使组织或单位在用人时有一定的群众基础，因为群众的眼睛是雪亮的。我们能够选用群众公认的优秀人才，一定是比较准确的。另外呢，更为重要的一个方面。就是在选用人才时要更多地采用"赛马"的方式。是不是好马？拉出去遛一遛，伯乐们就一定心中更加有数了。而这"赛"马的方法也是多种多样的。比如有意识地给拟要启用的人才一定的工作重担，或派到基层锻炼，或要他们参加抗洪抢险、抗震救灾等艰巨的工作等，在这些工作中去考验他们的忠诚度、工作态度与工作、学习的能力、协调力及执行力等。因为实践出真知，实践长才干，实践出干部、出人才。经过艰苦工作环境，复杂工作考验出来的人才一定会是既有活力——肯干，又有能力——会干的，我们人才队伍建设也就会取得如期的良好效果。在人才数量不断增加的同时，质量也将不断提高。这个"赛马"的工作做好了，还会出现优秀人才如泉涌的"马太效应"。

所以，这"赛马"的方法我们应该得以普遍采用和推广。"赛马"的工作做实了，就可以做到人事相宜，能力和岗位匹配。不仅可以达到人尽其才、才尽其用的工作目的，同时，还可以创新用人制度，形成良好的用人机制，抵制用人上的腐败现象。就可以比较好地杜绝用人上"少数人说了算"的弊端，杜绝"说你行，不行也行；说你不行，行也不行"的现象发生。

我们要把"赛马"的工作做好，第一是要坚持德才兼备的用人原则。对人才的德与才是不可偏废的，必须是德才兼备者才有"参赛"的资格。第二是对人才的评价必须一视同仁。千万不能给"参赛"的个别人才"吃小灶"，坚持评价标准一致、评价方法一样、评价结果的使用一样。第三是要善于在参赛中去发现有创造能力的"狮子型"人才。真正做到如龚自珍先生所期待的那样："不拘一格降人才。"

众所周知，为政之要，唯在用人。毛泽东同志曾经指出，领导干部的作用，一是出主意，二是用人。所以，能不能把德才兼备的优秀人才选拔出来，也是考验我们各级领导干部领导能力与管理水平的试金石。而做好"赛马"的工作，就是提高我们选拔人才制度化、规范化、科学化水平的重要途径。可以帮助我们更好地把住思想关、政治关、作风关、廉洁关、能力关。因此，这种行之有效的办法，应该大力倡导，认真实践。这也是坚持党的民主集中制在人力资源方面的充分体现。因为，大家明白了，组织选拔人才要通过赛一赛来分高低，没有别的捷径可走，更没有邪门小道可行，就可以激励各类人才奋发向上，知道怎么样在提高自己思想水平上下功夫，怎么样在做好工作上去使劲。那种溜须拍马的现象就没有了群众基础，那种不思进取的人也就没有了市场。无形中，我们的队伍建设也就风清气正了。

要如我国清代思想家、文学家龚自珍《己亥杂诗》所言："九州生气恃风雷，万马齐暗究可哀。我劝天公重抖擞，不拘一格降人才。"我们要发挥千军万马的作用，就必须让所有的"马"都去参加比赛，给他们机会、为他们创造条件、为他们提供帮助。这"天公"就是要创新人才制度，充分依靠广大群众的智慧，在"党管人才"的原则下帮助我们把"用得上、干得好、有作为"的千里马选拔出来，兴旺发达的事业就一定能展现在我们面前。

# 八十八　进与退

我在读高小以后，就开始参加学校组织的支农劳动。记得那时参加劳动干得最多的活是插秧。我还写过一首《插秧》诗："秧苗打进田中来，男女同学一字排。眼睛望前人后退，绿色满田喜开怀。"后来，因为农业技术的不断创新，插秧这个艰苦活也先后被机械插秧、"小苗带土移栽"或引进日本"抛秧技术"所替代，农民也就逐步从艰苦的手工插秧劳动中得以解放。这是时代进步的结果，所以，我们干什么都必须与时俱进。

而这进与退的两者之间呢，也是蛮有学问的。如上面说的手工插秧也好，"小苗带土移栽"也罢，人都必须是往后退的。而人退了，田里的秧苗却不断地在前进，就在这人退苗进之中，满田的秧苗就布满了。所以，我们在该退的时候，必须坚持退，还必须退好、退准。在手工插秧时，如果退不准，插下去的秧苗就会插得歪七扭八，是不利于通风的，因此，还会影响禾苗生长。当年，在合理密植时，我们是扯绳子来控制行距与株距的。这样一来，退也就有准绳了，秧苗也就插得横直有序。所以，这艰苦的劳动实践中是蕴藏着丰富的哲理的，只是需要我们用心去体验罢了。

由是观之，该退的地方我们一定要晓得退。如与他人发生争执时，我们也应该考虑"小不忍，则大乱"的后果，在坚持原则的情况下，注意方式方法是非常必要的，千万不可任性。有良言在先，"忍得一时之气，免得百日之忧"。这也是告诉人们该退让的时候也要注意退让。尤其是没有必要为了鸡毛蒜皮的事情去伤害彼此之间的感情。在名利面前呢，我们也应该学习范仲淹老先生的"先忧后乐"的精神，要养成吃苦在前，享受在后的好品德，不做追名逐利之徒。在荣誉面前要退让，不能主动伸手，更不能强取豪夺。即使在遇到不可驾驭的危急时刻，我们也要坚持以人为本，做好"退"的功夫，如突然发现室内大火燃烧，而且是非人工之力可以挽救的，就必须在拨打119电话的同时，及时组织人员撤退，要尽量避免造成人员伤亡。如在野外旅游遇到山洪暴发时，也是应该尽快撤离险地，不可冒险前行的。当然危险时候的撤退，一定要关照老弱病残，绝不允许各自为政地"大难来时，各自飞"的现象发生。

所谓进呢，一个人必须具有进取心。要奋发有为就必须是思想上求进步，学习上求长进，工作上求长足的发展。我们才会有更大的出息和作为。

同时，这"进"的艺术也是有讲究的。思想上的进步不能等，要坚持科学理论武装头脑，随时随地都要认识自己的不足，不断加以改进；学习上必须循序渐进，有日积月累的功夫，坚持厚积薄发；工作上必须抓紧落实，有突飞猛进的能力，不可拖拖拉拉，不可延误时机。如同我们插早稻，决不可以拖到5月中旬才完工，插晚稻一定在立秋前完工一样，不然就耽搁了季节。因此，任何工作都要有时效性。

在进的过程中，我们要特别注意杜绝的，就是不能为了自己"升官发财"而"跑'部'前进"。绝对不可以不好好学习和工作，而去找"门子"，甚至用行贿来达到自己"进步"的目的。如果是用"跑"和"买"得来的所谓"进步"，那还不如原地不动光彩和安全。在共和国的历史上那些"卖官买官"的有几个不进牢房的？所以，这样的"进"是千万不可取的，我们必须引以为戒。

我们要真正能够做到进退自如，一方面，我们必须认真学习马克思主义辩证唯物主义思想。我们脑子里多一点辩证法，就能具有在纷繁复杂的情况下把握方向、明辨是非的能力，就会进退得法，不至于稀里糊涂地犯错误。另外一方面呢，我们必须努力深入工作与生活实际，体察实际情况，增长真才实学，提高实践能力和组织协调能力。遇到困难就可以从容对待，而不至于手忙脚乱，造成顾此失彼的现象发生。

而进退功夫的修炼，关键是要有"天下兴亡匹夫有责"的担当精神，有强烈的政治责任感，有对党、对国家、对人民高度负责的自觉性，这是人生的总开关，是必须把握好的。唯有这样，我们才可以真正达到进退自如、游刃有余的境界。

# 八十九 多与少

在计划经济时期，由于按劳分配的制度不落实，"吃大锅饭"的现象比较严重，于是，就产生了"干与不干一个样，干多干少一个样，干好干坏一个样"的种种弊端，极大地挫伤了人们的积极性与创造性，也影响了事业的发展。改革开放后，我国实行市场经济，充分发挥市场机制配置生产要素的作用。在分配制度上，实行"按劳分配、绩效优先"的原则，坚持"尊重人才、尊重知识、尊重劳动、尊重创造"。这样做，就把各类人才的积极性、创造性都比较好地调动起来了，建设中国特色社会主义现代化的活力如泉喷涌，这不仅为我国成为世界第二大经济体奠定了好的制度基础，同时，还充分发挥了人才智力的保障作用。

所以，这"多"和"少"是很讲究辩证法的。比如，我们要成为德才兼备的优秀人才，务求把工作搞好，我们就必须多多地学习，多深入工作实际，多动脑筋，能够创造性地工作或生产。这样我们的贡献肯定就会比人家既多又好。与此同时，我们必然是休息时间会少一些，照顾家庭的精力也会少一些。可是，我们精力集中了，发生的差错就会少一些，甚至零差错。我们的奉献就多了，得到的认可也会多了，受到的批评会少甚至没有，上光荣榜的机会也一定会越来越多，这是非常值得的。

还有，我们要成为团队里团结同志的榜样，那我们就不能多嘴多舌地去搬弄是非，只能多说有利于团结的话，多做有利于团结的事。热心肠要多一点，冷嘲热讽要少一点，鸡肠小肚要少一点，我们就会如凝固剂那样有亲和力，所产生的凝聚力也一定会是非同小可的，人们的赞扬也会越来越多了，团队的战斗力也就提高了。我们何乐不为呢？

可是，在需要我们伸出援手时，我们就千万不可以缺少热心地袖手旁观了。一定要多一点与人为善的善心与爱心去全力帮助需要帮助的人们，使他们能够尽快地走出困境。这样的事，是多多益善的，为人是绝不可缺少善意与爱心的。

就我们的人生来说，一个人的生命是有限的。我们要像雷锋同志那样"把有限的生命投入到无限的为人民服务中去"，就一定是学习要多，工作要多，做有益于人民的事必须多。这样一来，休息一定会少，陪伴家人或好友的时间也就会少，休闲也就会少，甚至考虑个人的事情就更少得排不上队。有如此境界后，我们的人生价值就一定是多姿多彩的。而凡是学习上少功夫，思想上少进取，工作上少出力的人，一定不会有什么作为与收获的，他们的人生又何来多姿多彩呢？

人们的健康问题也是如此，如果吃的多与少不控制，就会失去营养平衡而影响健康。天天吃好了睡好了，而很少适当运动，身体上的毛病必然多，看医生的概率也就必然增加。而睡眠过少，或老是赖床的人，那身体健康也是无从谈起的。所以科学的办法就是在这多和少上做好文章，最简单的办法就是规律生活——不多不少，养成良好的生活习惯。

总之，多和少的辩证法学好了，我们就一定能够做到，该多的时候，能够坚持多；该少的时候，就一定能知道少。这样，我们在修身养性、为人处世与事业发展中就一定有主动权，而不至于处处被动了。而这"多"与"少"的辩证法学习呢，也要靠我们多深入实际，多下功夫思考，多一些实践，才会炉火纯青。

要深信，熟能生巧，勤能补拙的道理。一个智慧而勤奋的人，一定是奉献多多的，其成功的光环也就不会少了。

# 九十　时与迟

为加快中国特色社会主义现代化建设的步伐，党中央高瞻远瞩地在实施科教兴国战略的基础上，又于21世纪初提出了实施人才强国战略的重大决策，要求我们在引进、培养与使用好人才上下功夫，为推进现代化建设提供强有力的人才智力支撑。这是应对世界范围内发生的人才争夺战的英明决策，也是治国理政的重大举措。

我们按照党中央的要求实施人才战略，其内容是非常丰富的，其对策也是多方面的。但说一万，道一千，总是离不开人才的使用问题。人才战略的目的就是要千方百计地达到人尽其才、才尽其用，不断壮大人才队伍，不断提高人才效益的根本目的。其中，如何使用好人才是最重要的一环。因为，我们建设宏大的人才队伍不是为了好看，而是为了用好人才，充分发挥人才的作用。而在使用人才问题上，我们往往容易忽视的一个问题，就是怎么样用得及时。如果人才用得不及时，老是"迟来的爱"的话，那就是一种无可估量的浪费。比如，我们经常看到，组织上帮助一些将要达到退休年龄的同志解决所谓待遇，结果怎么样呢？对于组织来说，是对这些同志德才的肯定，奉献的认可。可是对于这些同志本身来说，一般都认为是"船到码头车到站了"。待遇问题解决了，而工作的激情却是"涛声依旧"。为什么会是这样的情况呢？因为这些同志认为按照他们的德才表现早就应该是这样的待遇了。现在，我要退休了，再来解决这个问题，他们就认为是"迟来的爱"。这样又何来积极性的调动呢？因此，在机关工作的不少同志，就总认为，干不干无所谓，反正我只要"但求无过"，到时那待遇总会到手的。如此这般当然就难以达到人尽其才、才尽其用的用人效果了，这不就是对第一资源的浪费吗？

在我看来，不能按时取用人才的原因，主要有这样一些：

一是观念陈旧。总是受"论资排辈"思想的约束，不敢"不拘一格降人才"。二是"怕"字作怪。生怕"初生牛犊不怕虎"。老是认为年轻人难驾驭，年轻人肩膀嫩了，一怕挑不起重担，二怕他们经验不足，靠不住。三是起用人才的制度与机制不适合时代的要求。老是靠"少数人"在"少数人"中选人、用人，拓不开视野，心中老是没有"五湖四海"。于是，在选人的方法上就只是靠"伯乐"来"相马"，而不去用"赛马"的方式去广泛地发现人才、起用人才。

刀不用，便要生锈，则不快，势必影响使用；枪不擦，也会锈迹斑斑，必然影响战斗力。物犹如此，人何以堪？作为人才来说，我们如果不及时地去起用他，他们就会是"英雄无用武之地"，有劲使不上，有力没处使。久而久之，他们必然是学习没有劲头，工作时没有干头，甚至只能白白地耗费青春。这些不正常的现象无不影响整个团队人才积极性的发挥。因此，人是决不能闲置的。相反的，我们能够与时俱进地创新制度，及时起用德才兼备的人才，真正破除论资排辈的陈旧观念，让那些思想好、肯干事、能干好事的人才得以脱颖而出，真正体现的是"想干事的有岗位，能干事的有舞台，干出了成绩的上奖台"，这样优秀的青年人才就一定会层出不穷，他们的学习与工作的劲头就会油然而生，因为他们真正感受到了"英雄大有用武之地"，所以就可以撸起袖子干了。

同时，俗话说"金无足赤，人无完人"。我们要干事，也就不可能绝对不发生工作差错。一些年轻人如果因为经验不足或能力还不够强而发生了工作上的失误，只要不是故意为之，或者也不是工作不认真发生的，我们就决不能因此而因噎废食，放弃年轻人才的及时起用。正确的方法就是帮助他们真正总结经验教训，在实践中不断提高。实践多了，进取心又强的年轻人才也是会成为"老姜"的。

为了不拘一格起用人才，尽力避免对优秀年轻人才的"迟来的爱"。一方面，我们必须认真学习人事人才理论，认真学习马克思主义辩证法。努力探索年轻人才的使用办法与制度。一方面，要将有培养前途的年轻人放到基层、放到艰苦的工作岗位去锻炼。让他们的翅膀变硬，使他们的才干更加全面一些。努力为青年人才开辟成长之路。另外一方面，要坚持择优汰劣的原则，对因为种种原因影响选拔年轻人才准确性，导致一些年轻人才真正不适应岗位要求的就一定淘汰出局，避免"一粒老鼠屎，打坏一锅汤"。

毛主席曾经对青年人说过："世界是你们的，也是我们的，但归根结底是你们的。"因此，及时地把年轻人用好，及时地发挥他们的聪明才干也是考验一个组织的干部人事工作水平高低的试金石。时代召唤人才，人才成就事业。让科学的人才理论武装我们的头脑，指导实践，为及时地起用好各类人才而上下求索吧！

# 九十一　个人与社会

　　笔者曾经听到过这样一个故事：讲台上一位50多岁的小学老师，教完了4位数加减混合运算的课后，向同学们发问："你们学会了吗？""学会了！"同学们齐声答道。"好，还有十分钟时间才下课，你们自己出题，自己回答，好不好？"老师话音一落，只见班长站起来说道："我来出题，请大家回答。我爸有一次请亲戚朋友吃饭，一盘龙虾700元，两盘海蟹一盘480元，四荤四素八珍锅1170元，又开了三瓶白酒，一瓶650元，又点了……"老师见他出题计算量太大，就制止了他继续说。"谁算出来了？"班长自信地问道。有个同学立即回答："老师，是4780元。""答对了！"老师满意地说。班长却说："不对，我爸一分钱没有出，全部报销了！"全班同学哄堂大笑。老师听后，眉头一皱，轻轻地叹口气说："其实，最难的应用题便是社会啊！"

　　是的，个人对于社会这道应用题是最难回答的，可是当我们进入社会后，就会遇到社会给我们的各种各样的"应用题"，需要我们认真回答。回答正确，我们就能成功；回答不正确，也许我们就会失败，甚至要走向歧路。并且人的一生都在做"应用题"，正如毛主席从西柏坡向北京进发时曾经说过的"我们是进京赶考"一样，我们每个人不也是时时刻刻地在接受考试吗？

　　为了迎接社会对我们的各种各样的考试，我们要考出好成绩来，我觉得，一是不能投机取巧；二是没有考试题目给我们练习，不要指望别人代替；三是也没有现成的答案，就不要左右观望。唯一可取的就是老老实实为人，认认真真做学问，扎扎实实干事业。并且在这三个方面都要时刻准备着。

　　在做人方面，要正确处理个人与社会的关系。要懂得我们个人对于社会来说，仅是沧海之一粟也。因此，即使能力再大、本事再强，也不能骄傲自满，更不可盛气凌人。一辈子都要老老实实地在修身养性上做文章，在待人接物中学本领。只有一个非常谦虚的人，才会是永远在不断地进步的。否则，十有八九要被这社会"考试"所淘汰。因此，我们必须记得按照毛主席"虚心学习别人的长处，就能够有所收获，有所进步；骄傲自满，自以为是，就会学习不到别人的先进经验，被别人落在后面"的教导去实践，成为一个社会欢迎的人、群众喜欢的人。

在做学问上呢，必须是锲而不舍、必须持有日升月恒的毅力。能坚持厚积薄发，还怕什么考试呢！所以，我国著名的国学家、杰出的马克思主义史学家范文澜先生就曾经倡导我们："板凳要坐十年冷，文章不写一句空。"如果我们能用这种精神去治学，我们对社会出的各种各样的"应用题"也就可以胸有成竹了。不难预料，不要说我们每次考一百分，但绝不会被社会"考试"所淘汰！在这个问题上，我的体会就是老老实实地学，要有一股从不满足的顽强精神。在学习上，一是不能浅尝辄止；二是不能三天打鱼两天晒网；三是不能朝三暮四。

在做事方面，要应对社会"考试"，就一定要有扎扎实实的工作作风。坚持做到一不清谈，二不空谈，三不轻率。坚持做一件事，就做好一件事；干一行，就干好一行。我的看法就是"不怕改行，就怕改心"。如果一个人不是全心全意、一心一意地干事业，即使你有三头六臂也是干不出名堂来的，并且，在社会"考试"中也是一定会败下阵来的。相反，只要功夫真，铁杵也能磨成针。因此，在做事方面，我们要坚持发扬愚公移山精神、发扬王进喜同志的铁人精神、发扬雷锋同志的钉子精神、航天领域的"两弹一星"精神、抗洪抢险与抗震救灾精神。有了这样一些宝贵精神作为支撑，我们对付纷繁复杂的"社会考试"也就是游刃有余的了。

如果一个人在上述三个方面都是好样的，还惧怕社会上最难答的"应用题"吗？当然不会。相反，我们最怕的是，漫不经心的为人、马马虎虎的学习、有气无力的态度。倘若是这样，十有八九是经不起考试的。

# 九十二　栽桃与种刺

在一次人才研究会上，我听有关专家讲过这样一个故事，说的是明道二年，范仲淹第二次遭贬。与他一起被贬的，还有因贪赃枉法被朝廷弹劾的王辟之。范仲淹到了被贬之地后，其起居生活都得到当地官员和老百姓的照顾，因此，其遭贬的日子并不艰辛。而王辟之则截然相反，不仅出门遭人白眼，就连以前受他提拔的那些地方官员也没有一个前来看望他的。

一天，范王二人在大街上不期而遇，各自说起了自己的生活。王辟之长吁短叹，抱怨自己曾经帮过忙的地方官。见自己犯了事，迫不及待地与自己划清界限，发完牢骚，王辟之对范仲淹的状况羡慕不已："我们都是从京城来的，为什么大家对你好而不待见我呢？"范仲淹笑笑说："现在帮助我的这些人，他们都是品德高尚的人。就是因为他们德才兼备，当年我才有底气推荐他们。如今，他们感念我当年的知遇之恩，自然要报之以李了。而你就不一样。想当初，你在吏部为官时，有权有势，哪一个不是对你毕恭毕敬？他们为了求得升迁，不惜讨好奉迎你，甚至花重金疏通于你。而你根本没有甄别他们人品的优劣，就帮助他们达成升迁的心愿。种桃李者得实，种蒺藜者得刺。你想想，是不是这个道理呢？"

从范仲淹与王辟之这席话以及他们被贬后的生活境遇来看，说明我们在交友，特别是在用人时，是特别需要考察他人的人品的。如同俗话所说的"种瓜得瓜，种豆得豆"一个道理，你只有种桃或栽李，才有桃或李的果实所收获，你如果种的是蒺藜，当然也就只有刺的收获了。

古往今来，因用人不当，给事业带来不可挽回的损失的案例不胜枚举，我们应该引以为戒。如前所述，你王辟之为什么得到的是"刺"呢？因为你不去甄别你要帮助升迁之人的人品，你只要自己得了黄金白银，连偷鸡摸狗之徒也可以使其顺利得以升迁。你的这种恶行，到头来得到的也就只有恶报了。所以，你再怎么长吁短叹也于事无补了。老百姓对你白眼，说明老百姓非常痛恨你这样的贪赃枉法者。这对于你个人来说，还是小事，而对于治国理政的大局来说，这就是大事了。所以，当时如果不罢去你的官职就会造成更大的损失。你是罪行所得，无有冤枉之处。

人品既然这样重要，那么，我们应该怎么样来考察一个人的人品呢？笔者的认识是，要根据实践是检验真理的唯一标准的原则。因此，对人品与德才方面的考察也要放到工作与生活的实际中去进行。比如考察公务员，就必须考察他在工作与生活中的"德"的表现：是不是有坚定的政治立场与革命意志？是不是认真贯彻落实党的路线方针政策？是不是忠诚于党组织？是不是廉洁奉公？是不是有艰苦朴素的工作作风？是不是言行一致？是不是表里一致？是不是在非常时期和平时的表现一致？是不是领导在与不在一致？是不是团结同志？八小时工作外的生活作风是否良好？为什么现在查处的一些腐败分子总是经济问题与男女生活作风问题搅在一起，说明八小时以外，也不能忽视，也要心中有数。这些都属于"德"的范畴，是一点也不能马虎的。如果忽视了这些问题的考察与考验，我们在选用公务员上就一定没有底气和把握。同时，在考察公务员的人品方面一定要听其周围同事或群众的评价，群众的眼睛是雪亮的，在群众中口碑比较好的公务员一般人品、德行都是靠得住的。因此，考察公务员也必须走群众路线，必须发扬民主。这些工作做好了，我们就真正在做栽桃或种李的工作，我们的工作就一定实实在在。其回报呢？也就一定会是桃李满园的。相反，我们只是在少数人里去考察人，或根本就不坚持德才兼备的用人原则，甚至搞"山头主义"画小圈子，到头来，我们不被自己所种的蒺藜刺得遍体鳞伤才怪呢！所以，这用人上的蒺藜是千万不可种的。如果种了一定是害人害己，遗臭万年的。王辟之就是最典型的反面教材，我们必须从中吸取教训，使我们现代人千万不要去重犯古人的低级错误。

毛主席曾经教导过我们："要当人民的先生，先当人民的学生。"这是很有道理的，我们要想成为一个会用人的好领导、好干部，我们必须要老老实实地虚心学习组织干部、人事人才理论与政策，要加强我们自己的党性修养，把我们自己的"德"一定搞端正。有了良好的工作原则和工作作风，我们就能够把选拔与用人的事业办好，我们就一定能够成为人民拥护、组织满意、国家需要的好干部。这样，无论我们走到哪里，老百姓都不会对我们白眼的！

# 九十三　定力与毅力

所谓定力，用佛教用语来说，就是指祛除烦恼、妄想的功力。泛指控制自己的欲望或行为的能力。所谓毅力就是坚强持久的意志，如某某同事学习和工作都很有毅力，所以就特别优秀，令人肃然起敬。定力与毅力之间是什么关系呢？我认为是相辅相成的关系，是相得益彰的关系。

据史料介绍，无产阶级革命家，曾经是毛主席老师的徐特立先生，曾送毛主席一副对联："有关家国书常读，无益身心事莫为。"他是这样要求学生的，同时，自己也是身体力行地实践着这要求的。当年，他已经50多岁的年纪了，还义无反顾地克服千难万险参加了红军的二万五千里长征，胜利到达陕北，这是他毅力坚强的结果。而他的毅力就来自对共产党领导劳动人民翻身闹革命事业坚信的定力。所以，一个人要成就一番事业必须具有一定的定力，才可能产生一定的毅力。没有定力就没有毅力，没有毅力就会是一事无成的。

就拿我练习毛笔字来说吧。我从20世纪90年代初就开始练习毛笔字，至今没有停止。我的这个定力就是来自对中国书法博大精深的情有独钟。因此，就才有毅力不停顿地学习、创作书法作品。中华人民共和成立65周年时，我用半年的时间创作《山高水长总相依——书我国56个民族概况》的长卷（长134米。高0.20米）。在这半年里，朋友邀请我钓鱼、打牌、旅游等我都一一地婉言谢绝。因为我知道，必须兢兢业业地一鼓作气才能写好这个书法作品。如果是三天打鱼两天晒网，必然是做不好这件事的。后来这书法长卷在湖南省第二届公务员书画展览会上展出，获得了许多媒体报道和社会的认同。所以没有一定的毅力是成就不了一定的事业的。后来，我还先后创作了《中流砥柱——书中国共产党第一届至第十九届中央委员名录》等四个书法长卷。书写这些长卷时，我往往一坐下来就是两三个小时，并且总是一个月、两个月地一上午就埋头在写字。不仅字写得有进步了，而且耐心也得到了磨炼。所以，我对久久为功就更加有深切的体会了。因此也就形成了这样一个习惯，要做的事，一定做好，不能半途而废，不可停停打打的。

还比如，2014年友人推荐我做需时43分钟，共66节的保健操，说做这套操具有强身健体的功效。于是我坚持做了一个星期，果然不错，晚上睡觉再也不要吃安眠药了。我就带领社区居民和我一起做，现在一晃就过去五个年头了。我们坚持寒暑不停，风雨无阻，这也是要有毅力的。而我们的毅力则来自强身健体的定力，现在我们欣逢盛世，有条件提高生活质量，而生活质量的提高除了衣食无忧外，更加重要的是身体健康。既然做操有这样好的保健功能，我们就没有理由不坚持下来。现在人家看见我们一群人坚持得好，做操的人也多起来了。电视台还进行过报道，我们劲头也更加足了。

我之所以不吝文字来说这些，就是想把我自己对定力与毅力的认识与实践告诉朋友们。我们做任何事情一定要有定力，有了定力就一定有毅力来实践某个方面的愿望，达到我们预期的目标。倘若像猴子摘玉米那样，丢三落四，是做不好任何事情的。特别是在学习与工作上一定要有"宁静致远"的定力，有不到黄河心不死的毅力。只要有愚公移山那样的精神，就没有战胜不了的困难。

# 九十四  可靠与可敬

可靠是指可以信赖依靠的意思，它反映的是一个人的人品与能力方面的综合素质。如果一个人的人品好，讲诚信，同时，又具有一定的能力，安排这样的人去办一件什么事情，或负责某个方面的工作就靠得住，一般不会发生什么差错。所以，可靠的人，在群众中的口碑也是比较好的。一个团队可靠的人多了，其战斗力一定是顶呱呱的，团队的事业也就一定是兴旺发达的。

可敬，则是指值得尊敬的意思。如某某老师，教学水平高，对学生非常热爱，教学非常认真。因此这样的老师就成为学生们可敬的好老师，一个学校可敬的老师比比皆是，这个学校也就一定办得红红火火的。可敬的老师也可以说是可靠的，让他们办学校，在教育学生方面就一定靠得住、放得心。

而作为一个公务员，我们承担着党和国家、人民交给的繁重任务。我们只有成为公务员队伍里既可靠又可敬的一员，才能忠于职守，兢兢业业地努力工作和学习，也才能让人民满意，让组织放心。

就拿做个可靠的人来说，一是必须坚持诚实守信，坚持表里一致，包括守时。一个连时间概念也没有的人，办什么事情都会靠不住的。二是必须敢于担当，有强烈的事业心、高度的责任感，才能成为可靠者。三是必须坚持不断提高科学理论水平、不断提高办事能力。根据人才资源开发理论，一个人要能够靠得住，一是必须肯干——有强烈的事业心与责任感，二是必须能干——干一行，行一行，因此他们干什么都很内行，就行行都行。如果这两者都具备，他们就一定是靠得住的人，就是可靠的人。

可敬的人，首先应该是可靠的人。如果做事不可靠，说话不算数，经常表里不一，必然难以使人敬佩，就离"可敬"这两个字十万八千里了。这样一来，自然没有人喜欢的。久而就之，他们就必然在"优胜劣汰"的游戏规则中经不起检验而被淘汰出局，有的甚至走向反面——成为人民中的罪人。

同时，可靠与可敬，并不受人们地位高与低，职务大或小的影响。我经常看见长沙市的环境卫生行业的清洁工，他们一年四季，风里来，雨里去，不论寒暑，不论白天黑夜地打扫城市的一街一巷，坚持领导在与不在一个样，检查与不检查一个样。就是凭借这样的劳动态度和敬业精神，他们成为城市卫生的忠实守护者，他们也就成为可敬的人，也是可靠的人。要说行行出状元，他们就是新时代的环境卫生行业的状元了。所以，我们不论干什么工作，能够无私奉献就会是可靠的，也是可敬的。比如20世纪60年代涌现出来的北京市的全国劳动模范时传祥，北京王府井百货公司的劳动模范张秉贵，大庆油田钻井队长——被人民誉为"铁人"的王进喜同志，他们的工作岗位都是非常普通与平凡的，可是他们的劳动态度、敬业精神都是非同凡响的，所以，他们就是可敬的人，也是行业里头可靠的人。他们曾经先后受到党和国家领导人接见与赞扬，王进喜同志还被选为中央委员。还有县委书记的榜样——河南省兰考县的焦裕禄同志，论职务，其官并不大，但他一心扑在工作上，有重病在身也顾不上治疗，终于在治理兰考风沙灾害中取得了伟大的成就，他也不幸以身殉职。几十年过去，至今兰考人民还要到他墓前祭拜这位好领导，他也成为新中国成立以来的最为可敬的县委书记之一。

因此，我想一个人要成为可靠、可敬的人，一是不要论职务，二是不要论条件环境。唯一的途径，就是老老实实学习、扎扎实实工作，牢记使命，不忘初心，勇往直前而百折不回。

# 九十五　工作与公心

　　新中国成立后，我们国家工作人员，就是人民的公仆，其唯一宗旨，就是为人民服务。这是我们伟大领袖毛主席一再向全党、全国人民所强调的，也是他老人家一贯所坚持的。他和他的战友们出生入死，殚精竭虑地带领各民族人民缔造了中国共产党、中国人民解放军、中华人民共和国，其目的就是让人民站起来，翻身做主人。我们新中国的工作人员理所当然就是要一片丹心，出于公心，把人民赋予我们的权力用来为人民办事业，让人民实现对美好生活的追求。因此，我们参加工作后，就必须牢牢记住一个"公"字。我们是公家的人，有了一定的权力必须为公家办事，为人民服务，必须与旧社会的地主官僚主义划清界限。因此，徇私舞弊、贪赃枉法、强取豪夺这都是我们这些公家人必须坚决予以抵制的。

　　因此，一个忠于职守的国家工作人员必须是办事公道，待人平等的好干部，是坚持公平原则，热心为人民服务的好同志。能够始终坚持办事公开，充分走群众路线，坚持出于公心地"问计于民，取智与众"。并且是经常能够深入实际，深入群众，多接地气的好干部。如经常奋战在抗洪抢险、抗震救灾，抗击疫情第一线的各级党政干部与广大医务工作者就是我们学习的公而忘私的好榜样。

　　党的十八大以来，以习近平同志为核心的党中央，牢记使命，不忘初心，坚决地惩治腐败现象。并且一而再地反复强调反腐永远在路上。因此，受到了全党、全国各民族人民的拥护，也就能在短短的几年里使党的建设发生了历史性的变革。可是，在国家机关或党内仍然有一些腐败分子不收手，不能悬崖勒马。这就说明这些人是没有一点初心的，早就不是合格的国家工作人员。对他们讲反腐败，如同对牛弹琴，是没有什么作用的。必须坚决查处，发现一个惩治一个。如果他们仍然不收手，就一定要从制度、机制的建立健全上下功夫，在从严查处上下功夫，就是要让他们不能"得手"。

所以，我们党和国家要使国家工作人员永远忠于党和国家、忠于人民，一方面，必须切实加大国家工作人员的培训教育力度，把为人民服务的根子牢牢地扎进他们的头脑中去，使他们能够更加自觉地，扎扎实实为人民服务，而不至于产生恶行。另外一方面，就是要加强反腐倡廉的制度建设，同时还要狠抓制度是否落实的督查工作。使那些初心不牢，使命意识不强的人，没有空子可钻。即使屡禁不止，也不能让他们逍遥法外，发现一个就惩处一个。再一个方面，一定要加大反腐倡廉的宣传发动工作，要发动和依靠人民群众监督国家工作人员，让腐败分子如过街老鼠，人人喊打，他们也就难有腐败的市场了。

　　新时代、新作为、新要求。为了建设起宏大的国家党政机关工作人员队伍，还必须大力表彰各级各地涌现出来的如焦裕禄、孔繁森、杨善洲式的先进人物。真正让广大工作人员学有榜样的精神，干有先进的劲头。能够把一心为公，一生为公放在人生的头等位置。始终能够不忘初心，始终能够牢记使命，毫不动摇地全心全意为人民服务。这样的"公家人"才是老百姓们所喜欢的，也才是国家可以信赖的，人民所敬仰的。

# 九十六　心动与行动

古人言:"哀莫大于心死。"这就告诉我们,一个人如果是心死了,就会一事无成了。所以,那才是真正的悲哀,也是最大的悲哀。

平时,我们往往看到这样的情况,那就是:"本该拼命的年纪,却想得太多,做得太少。"也就是说,"想得太多"表示他们的心还是在思考问题的,而问题就出在"做得太少"上了!天上没有馅饼掉,假若我们有想吃馅饼的心动,却没有吃馅饼的行动,当然馅饼就进不了我们口里来,也就只是空想而已。因为不行动,怎么来的收获呢?诚如"千里之行始于足下",要有千里之行的想法,就必须用自己的脚,一步一步地去走,或用车代步,一米一米地向前行驶。如果心动了,行动却迟迟没有,到头来也就只不过是"外甥打灯笼——照旧"了。我们应该牢牢记住"清谈误事,清谈误国"的道理和教训。平时,对事业或工作有了想法,就一定要扎扎实实地行动,把美好的想法,变为美好的行动,以促进事业的不断发展,工作的不断进步。

最近笔者阅读《人民日报》,看到这样一篇报道:《只为七分钟坚守十三年》,赞美的是,我国铁路建设者们用雄心壮志修筑"大瑞铁路"的优秀事迹。2008年开始建设的这条铁路,是泛亚铁路的重要组成部分。而这段铁路全程的控制性工程,即全长仅14.5公里的大柱山隧道的贯通,需要劳动大军顽强地付出。因为,打通这段隧道要穿越横断山脉6条断裂带,山洞中豆腐式的软岩,突泥,涌水,高地热(四季都是42摄氏度的高温)……地质极其复杂,施工难度极大。修建这段隧道要用13年的时间才能竣工。大学毕业后就来这里工作的大学生,有的现在已经是两个孩子的父亲了。而通车后,这个隧道的行程仅7分钟,却需要铁路大军们风餐露宿、日夜兼行地坚守13年。他们劳动时,头上时不时有涌水淋头,突泥也是不断往下掉,洞内四季高温,因此,涌水与汗水混在一起,每天他们的身上都是湿漉漉的。在洞里春秋冬的季节没有了,有的只有夏天般炎热的困扰。可是铁路大军们没有一个只有心动,而不行动的。所以，他们可以豪迈地高声大唱："敢问路在何方？路在脚下……"看了这篇报道，我对筑路大军的壮举肃然起敬。立即感同身受般写下了一首赞美劳动大军的诗。这既是我的心动——被他们的壮举感动，也是我的行动——以文字的形式感激他们为国家所做的贡献：

### 《致敬"大瑞铁路"隧道项目的劳动大军》

只为七分钟，坚守十三年。

劳动强度大，困难挡在前。

涌水头上注，突泥伴身边。

高温在四季，"桑拿"汗连连。

艰难何所惧？意志硬如铁。

奉献无怨悔，豪情冲满天。

交通要道建，泛亚铁路穿。

中华儿女强，圆梦心里甜。

我们完全可以说"大瑞铁路"劳动大军的壮举，再一次地证明，劳动创造世界，坚实的行动才能保障美好心动的兑现。因此，我们有了科学的规划，必须认认真真地抓规划的落实，才可以将美丽的蓝图变为可喜的劳动成果，也才可以真正造福于人类。

努力学习实干家们的模范行为，一定将心动变为可喜的行动。让生命迫使我们不断前进，让使命追赶我们奋斗不止！

# 九十七　学习与实践

　　众所周知，学习是人类生活的一个基本实践活动，也是人类不断追求进步的，不可或缺的重要途径。诸葛亮在其《诫子书》中告诉我们："夫学须静也，才须学也。非学无以广才，非志无以成学。"但我个人的深切体会就是，要把学习搞好，能够坚持经世致用，不断促进品德与能力的提升，思想与工作的进步。还必须注意在学习中，一定要坚持理论联系思想实际、理论联系工作实际。要带着学习的问题深入实践中去思考与研究，在弄懂一定的理论知识后，能够用理论指导实践，从而推动事业的不断发展。特别是在"要求劳动者必须由体力型向智力型转变；生产工具要由数量型向科技型转变；管理方式要由粗放型向精细化管理转变"的知识经济时代，倘若我们学习不能理论联系实际，那"三个转变"的要求就无法达到，我们就不可能赢得工作的主动权。在这种新形势下，我们的学习必须坚持弄懂理论的含义，理解技术的真谛，坚持深入实际，把书读活，一定不能做书呆子。因为学习的目的，全在于运用。而脱离思想实际、脱离工作实际的学习，就好比在没有水的陆地学游泳一般，是永远学不会游泳的。因此，要真正把游泳学会，就一定要在他人的指导下，去到游泳池或江、湖、河、海中去把别人的理论指导转变为我们在水里能够不至于被水淹死的能力。开始要能浮在水面，然后再一步一步学习蛙泳、蝶泳等技巧。总之，就是要到水里去练习，而不能止于坐而论道。由此及彼，我们学习其他知识也是一样，必须重视理论与实践紧密结合起来。一定要懂得"纸上得来终觉浅，绝知此事要躬行"的道理。

　　比如我们要学习农业知识无论是种水稻还是蔬菜，或者水果，都必须一样样地到山上或田里去实践。1970年7月至1972年2月，我在中国人民解放军的军垦农场劳动锻炼。1971年3月，我们班负责连队的水稻"小苗带土"移栽中的育秧任务。因为，这是当时的一项新技术，我们书本上没有学过，更没有一点实践经验。开始催芽时，就不知道"湿长芽、干长根"的原理。在我们明明只见长根，不见长芽的情况下，却不知道怎么办。后来只好求助于农民技术员，他很快就帮助我们解决了难题。可是，后来播下去的稻谷在长成青苗10厘米后，却开始枯萎，于是急急忙忙移栽到田里，可后来也全部死光了。原来是我们把稻谷播在水泥坪里，上面仅4-5厘米厚的泥巴，结果把秧苗的生长点烧死了，所以秧苗也就无法继续生长了。后来我们把这两个技术问题都掌握了，培育出来的秧苗绿油油的，长势非常好。带土移栽后，禾苗天天看长，终于取得了比较好的收成。所以，通过劳动锻炼，我们坚持理论联系实践，思想工作进步都是非常明显的，对实践出真知尤其感受很深。

还比如农药"六六六"是不能用来给双子叶植物灭害虫的。可是我们没有实践过，就不懂得这个常识。我用来给菜瓜杀虫，结果把菜瓜苗全部杀死了。有了这些失败的教训，无形中就积累了我们的实践经验，可以进一步提高我们的农业生产技术水平。所以学习必须与实践紧密结合，这是毋庸置疑的，绝对不可脱离这一原则的。

我的上述实际体会告诉我，只有坚持学习与实践结合，才会有真知灼见。所以，学习时，必须坚持学中干，干中学；一边学，一边干。这样做，我们就一定有事半功倍的效果。

# 九十八　看书与写书

我不是作家，不知道为什么却喜欢"爬格子"，当然，如今是信息化时代，一般情况下是不需要我们一个字，一个字地去"爬格子"书写了。一部手机，一台电脑就可以尽情地书写了，这要感谢科学技术进步给我们带来的方便。

但我体会，写一篇文章比较好说，要写一本书，却不是那么容易的。我在写作《小故事里的人才术》这本书时，虽然全书仅有20多万字，可花的时间却有一年之久。为什么要花那么长的时间呢？就是肚子里的"墨水"不够，总是有一种"事非经过不知难，书到用时方恨少"的感觉。因此，时常是一边思考，一边还不得不发狠看书，以补充能量。就这样，前前后后我一共参阅了关于人才学、教育学等领域的书籍50多本，还看了不少的报纸，从中吸取营养。所以，我写这本书的最大体会就是，要写书，必须多看书、多看好书。并且只有一边看一边思考，才可以不断扩大视野，拓宽思路。脑子里的货积累得越多，实践经验越丰富，才可以进入笔下生花的境界。

因此，我们平时，看书或阅读报纸，要有所收获，要对写作有所帮助，我觉得还必须坚持这样几点：

一是对于名著一类的好书要仔细地看，咬文嚼字地阅读，并且要反复思考，千万不能囫囵吞枣。这样才能好好消化其中的营养，才可把他人的精神财富变为自己的进步与收获。

二是要做好读书、看报的笔记。俗话说得好："心记不如墨记。"学习笔记还必须坚持经常化、习惯化。要养成看书一定动笔的好习惯。所以，我的学习笔记也就不只一本。不只是在职时记，退休了还在记。这些学习记录久而久之就变成我写作的重要参考素材。

三是要有剪报的习惯。如今报纸如海，信息量也就特别大，需要记录下来的信息是特别丰富的，又不可能有那么多时间来记。所以，我就采取剪刀加糨糊的办法，觉得很有收藏价值资料就剪下来，用糨糊分门别类地贴起来，供写作时参考学习。特别是一些数据、典故很有参考价值，就很有用途。

四是要请好一个"老师"。这就是我们看书读报，必须将字典或词典放在身边，遇到不懂的词语或不认识的字时，一定不能让它跳过。我们一定要立即查字典或词典把它搞清楚。这就逼迫自己养成看书读报的好习惯，以杜绝囫囵吞枣现象在我们身上发生。这样下来，知识不断丰富，写作水平也一定会不断提高。

当然，我们写书，不是把他人书上的资料来个搬家，也不能有剽窃行为。否则，就是不道德的行为，那就不如不写。写书的过程，我体会也是创造性劳动。要把自己平时学习积累的知识或素材转化为自己的认识，再创造出具有自己写作特点的书来，才算是自己的著作。因此，这里就有个理论联系实际的问题，我们看了书、读了报，还必须坚持理论联系实际去思考与实践。我在写我的那本书时，就是在开展现代企业人事管理研究中，到十几家大型企业去进行调查研究，掌握了许多用人方面的资料，从而受到启发，才萌发出写作的想法的。所以没有理论联系实际的功夫，我们的书也是写不好的，即使写了，也不会引起读者的共鸣。实践出真知，实践经验越丰富，所写的书的可读性会越强。比如，我曾经看过一本书《褚橙你也学不会》，是介绍褚时健第二次创业的。这本书的作者们去了云南、湖南等许多地方，进行调查研究。书中将褚先生第二次创业的全过程进行了比较详尽的阐述，把褚时健第二次创业的执着精神、工匠精神都介绍得明明白白。把"为什么学不会"讲述得清清楚楚。有文字的记叙，也有数字的论证，其感染力也就特别强，所以也就特别吸引读者的眼球。看过这本书后，我们不得不佩服褚先生的才干与毅力。所以，这样的书也理所当然能够成为畅销书。

我深切地体会到，如果我们看书是复杂的脑力劳动，那么，写书呢，就是非常复杂的创造性劳动。因此，只有把看书与写书这两个不同的劳动紧密而有机地结合起来，充分发挥我们的聪明才智，我们就一定会获得读书、写书双丰收的。

因此，作为一个老年人，我希望有当作家梦的年轻人一定要扎扎实实地多读书、多读好书。与此同时要多深入生活实际，多到实践中去"摸、爬、滚、打"。我相信，实践经验越丰富，脑子里越有货，我们实现作家梦的路程就一定不远了。

# 九十九　一事与一世

我国汉初名士朱建曾经是一个有精神洁癖的人，他虽然遭逢乱世，在一群莽汉手下讨生计，却没有近墨者黑，反而显出一种遗世而独立的鹤立鸡群的气质。当年，他任淮南王英布的相国，因未参与英布谋反受到刘邦赏识，被封为平原君。后来，朱建迁家于长安。那里到处是吸引眼睛的轻裘肥马、惹人心动的乌纱皂履，但朱建却"行来苟合，义不取容"。由于朱建的清名，为朝中众臣仰止，连吕后男宠、辟阳侯审食其也曾多次表示欲与其结交，均被婉拒。不久，朱建母亲去世，家徒四壁的他一筹莫展时，审食其见此，立即给其馈赠百金。这百金无异于雪中送炭，他最终笑纳。而其他平时想结交他的权贵，看到此举，纷纷前来送钱送物，朱建共收礼五百金。他虽然风光地为其母亲办好了丧事，可是，他的"刻廉刚直"的名声却在金钱面前坍塌了。并且后来还为汉惠帝刘盈准备问斩的审食其去向吕后求情，因为他受"人情债"之累，不得已为审食其奔走，审食其最终无罪释放。到了汉文帝的时候，因朱与审的拉拉扯扯，皇帝派官吏去抓捕他，朱建不堪其辱，官吏刚进门，就自杀了。为了百金，朱建丢了名节，还丢了性命，无不让世人唏嘘。朱建为葬母丢了一世英名的教训告诉我们：一个人决心一生一世都要做贤人君子，需要战胜的不是贫穷，而是自己内心。只有内心足够强大，特别是在贫穷时，或者得势后都能抵挡"糖衣炮弹"的袭击，才能真正做到守节志不移，立场坚如磐石。

从朱建的深刻教训中，我们不难明了，人生在世短的几十个春秋，长的有上百个春秋，在这几十年或百来年里要做很多事，也要经历许多事。而做事的好与坏，及能力水平的高与低，因每个人的人生观、世界观、价值观不同，或努力程度不同，甚至所处的环境不同，也就会各有不同。所以人的一生，也是形形色色的：有的是把事做得惊天动地，可歌可泣，英雄壮举，流芳百世；有的则一事无成，默默无闻，无声无息；有的则走向反面，罪恶滔天，遗臭万年。

我觉得，作为一个正常人，应该是堂堂正正地做人，坦坦荡荡地做事。要牢固树立正确的人生观——不是为了一个人怎么过得好，要能够为他人造福。牢固树立正确的世界观——用辩证唯物主义思想观察世界，了解世界。鼓舞自己努力学习，不断提升认识和改造世界的能力。牢固树立正确的价值观——正确处理经济、政治、道德、金钱等各方面的关系，不至于掉入钱眼里，而被"孔方兄"所俘虏。这正确的"三观"牢固树立起来后，必然在权利观、政绩观、利益观、群众观上就一定有个主心骨。也就不会被"糖衣炮弹"所击中，一生的名节也就一定能保住。

三观正确的人，如果是负有领导责任的干部，他们就一定是权为民所系，权为民所谋，权为民所用。如果他们是企业家就一定不会去搞"假、冒、伪、劣"产品去危害消费者。倘若他们是事业单位的工作人员，就不会借提供公共服务的机会，去巧取豪夺，以损害公共利益。如果他们是农民或工人，他们就一定会老老实实从事生产，决不会铤而走险地去干伤天害理的事，去坑害他人的。我们一定要把为人处事当作反映自己正确三观的实践来对待，坚持一世都要多做好事、善事，而决不做损害他人的事，事无巨细都要认认真真地去做，每一件事情都做好了。比如创造"两弹一星"精神的科学家们与其他参与"两弹一星"研发的技术人员或技术工人，为了国家的强大，他们都是精益求精、艰苦奋斗、自力更生、克勤克俭、无私奉献的英雄群体。在他们看来，"失之毫厘，差之千里"。所以，平时对自己承担的任务都有精雕细刻的自我意识，高度负责的担当意识。是他们坚持一事不误地奋斗，才创造了大国工匠精神，创造了我国科学技术进步的一个又一个伟大奇迹。西方国家技术封锁在他们面前没有了作用，科研中的困难他们可以一一踩在脚下。就是这样的执着，这样的奋斗，才让我们祖国在前沿科学领域能够追赶世界上的发达国家。

同时，我们要明确一个人生命的真谛就是为了人类的幸福。唯有这样，我们做事的激情才会是满满的，劲头也才是足足的。也就决不会自损名节地去做伤天害理的事情，总是能够自觉地用生命驱赶自己不断前进，用使命做"发动机"推动自己不断造福于他人、造福于社会。

所以，我们处理好一事又一事，我们就能够好好地工作和生活一世，就能够成为一个有益于人民的人，一个有道德的人，也就不至于被人们所唾弃。

# 后　记

经过半年多的不懈努力，我的这本《墨韵三闲》终于付梓了。由于我的文字功夫先天不足，后天不力，所以其可读性、艺术性都是无从谈起的。但将自己所学习、所经历、所思考的问题还是记录下来了。并且，通过回顾自己的一些经历，也深刻地悟出了人生是一部不可回放的连续剧，而演出水平就全靠自己这个主人公来把握了。我深刻地体会到，如果说，做事有时还可以请人帮助的话，那么做人方面，别人就爱莫能助了。因为按照马克思主义辩证法的原理，外因必须通过内因才能发生作用。如同一个臭鸡蛋，无论我们给它多么合适的温度和花多长的时间，也是不可能孵出小鸡来的。因此，做人是一辈子都要靠自己好好去做的功课。我将这些思考和优秀人士成功的经验写出来，也算是对我个人成长经历的总结和学习他人收获的小结，也许对年轻人有些许借鉴意义。

本书的写作与出版，得到了谌铁汉、刘迪云、黄翠云等老同学的帮助，得到了"陶澍故里学友群"等网友的鼓励和大力支持。特别是得到了湖南省卫生厅主管的《健康必读》杂志社副社长罗健同志的鼎力支持。在此，特对他们表示衷心的感谢。

此书在我写作过程中，虽然进行了反复修改，但由于笔者文字水平及思想水平的局限，书中一定还有许多不尽如人意之处，诚望诸位读者批评指正。

作者于2019年6月30日